拒當亂室佳人！

終結雜亂窩の奇蹟收納術

讓小宅變大屋的神奇收納術！

活泉書坊編輯團隊／編著

省力氣！

正確摺疊
衣物不卡卡

妙點子！

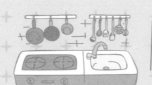

一字排開的
整齊景致

不佔位！

隱藏收納
空間再挖掘

視覺兼顧的
玩美策略！

善用抽屜內
分隔小道具

根據動線就近
收納日用品

替居家增溫
賦人情味！

捨雜物、玩收納的
聰明生活觀

你是否長期陷在收納不良的愁雲慘霧中？得先撥開床上的雜物清出一條鴻溝才能躺下睡覺？快遲到了，手機、鑰匙、襪子在哪裡？出門在外風姿迷人，一回到家就變成亂室佳人？花費時間、精力整理房間卻苦無成效？無顏讓親戚、朋友來家裡作客？

現代人的物質欲望永無止盡，隨著購物清單的無限蔓延，加上城市蝸居人口的居住空間越來越小，根據統計，台灣人平均住宅坪數僅僅為13坪的大小。

在這樣的小天地中，學習「聰明收納、巧手整理」，是居住者仍然能優雅起居、下廚的極必要課題。

專業的室內設計師主張：

「房子是用來住人的，而非用來堆疊與儲藏。」

面對永遠收不完的東西，專家提出建議，使用頻率過低的物品都應該考慮送人或捐贈，而如果連續整年沒有接觸到的物件，更是可以火速捨棄，將斷、捨、離的生活觀發揮到淋漓盡致，如此一來才能挪出更多空間。

雖然坊間各大賣場皆已經推出不少收納商品，但是若沒有事先做功課，隨機挑選幾件帶回家之後，其機能與美觀往往不如預期。究竟問題出在哪裡？

收納沒有兩招三式，如何成為使人信服的家政婦？與其埋頭苦

幹，不如看看前人、達人怎麼做！本書獨創「系統收納教學」，放大審視臥房、書房、客廳、廚房、浴室……不同空間的功能性，見招拆招，「分區」規劃各廳室的收納；並且網羅林林總總的聰明收納小常識、小知識、小撇步、小道具；搭配收納物件圖、剖面圖、情境圖、前後對照圖，給讀者最淺顯易懂的收納圖解；讓你從中找出自家的問題，搖身變成無敵收納大師！

　　無負擔的好心情，源自於整潔的起居環境，省視物欲、同時整理人生，將空間亂象化為烏有，達成收納與居住空間的完善平衡，就可以滿足屋主對「家」的美好期待！

Contents

chapter 1

收納觀念圈圈叉叉：3大惡習+4大原則

chapter 2

My臥房！隱蔽、私密、極舒適的個人小天地

 寢具

衣櫥

chapter 3

My書房！好的知識補充站，讓靈感源源不絕

書櫃

文件

chapter 4

My客廳！面子裡子兼顧，重返光鮮亮麗好形象

chapter **5**

My廚房！烹飪小尖兵的鍋、碗、瓢、盆井然有序

廚房

冰箱

chapter **6**

My浴室！雜物勿擾，嚕啦啦時間享受至上

浴室

chapter **7**

「維持」延續收納的成果

收納有個性！家事性格大解析

　　人的個性千差萬別、形形色色。有些人凡事按部就班，每天一點一點地完成整頓工作；有些人則是集中一天一口氣完成打理事宜。每個人的生活方式因個性的不同可分為多種型態，因此，掃除的方法、形式當然也就包羅萬象，你不妨找找既適合自己個性，又能樂在其中的掃除法。

你是善分配小姐？還是愛衝刺小妞？

　　讓我們來找出符合自己個性、生活方式的掃除方法。

　　下列問題中，數數看你的答案是YES的有幾個：

Y	N		Y	N	
☐	☐	總是喜歡像下棋般地去猜測對方的心理、行動。	☐	☐	總是將自己最喜歡吃的食物留到最後才吃。
☐	☐	將書桌抽屜裡分區，且物品被分門別類地放置整齊。	☐	☐	絕對不允許不符常理的情形存在，凡事按規矩來行事。
☐	☐	每日一定要做的習慣事項有三樣以上。	☐	☐	盡可能每日清洗髒衣物，不會讓髒衣服堆積如山。
☐	☐	能夠井然有序地同時進行兩件以上的事情。	☐	☐	在家的時間遠遠比外出的時間多。
☐	☐	非得需要大費周章才能解決的事情，才會有幹勁想做。	☐	☐	大家都認為你是一板一眼的人，而你自己也這麼認為。
☐	☐	認為與其考慮目前的事情，不如規劃未來幸福的人生。			

　　若你的答案中是YES的有6個以上，表示你偏好凡事隨手收拾，不喜歡一次性的大掃除，屬於隨時隨地打點環境的「善分配小姐」型。若你的YES的有5個以下，表示你是不思則已，一旦下定主意整頓住家時，馬上會起而力行的「愛衝刺小妞」型。

💡 幹勁十足，一氣呵成的**愛衝刺小妞**

凡事黑白分明，幹勁一來時往往能在短時間內完成工作，屬於短期集中的短跑選手型。此型的人對於掃除傾向一氣呵成。讓他們每天做一點，對他們而言，無疑是天方夜譚。

喜歡想做就做的你，如果下定決心今天做，馬上就會徹底清掃，而且每一處角落都不放過。對於平時忙於工作、遊樂而無暇顧及打掃的人，建議你採用此種方式。將平日堆積的汙垢集中一次清掃乾淨。而且，積極地活動身體，連帶也能幫助轉換心情，可謂是一石二鳥。

這類型的人工作時必定全力以赴，根本無心顧及清掃事宜。然而當她一察覺有塵埃堆積時，就是她的掃除時間。必定會一口氣將屋子內外清掃得一塵不染。

物品喜歡放置於隨手可得之處，取用相當便利。並總將東西收拾整齊，免去需要時再東找西找的麻煩。使用吸塵器時也只清掃無雜物地帶，這是B小姐特有的清掃法。

雖然很喜歡做菜，然而對善後收拾的工作卻覺得十分棘手。偶爾一時興起也會將髒汙的水槽擦得光亮，同時藉由清潔工作來抒發緊張的壓力，讓心情煥然一新。

對於在外奔波努力的自己而言，結束繁忙的一天，掃除其實可以說是消遣娛樂。因為工作忙得不可開交，總是沒辦法顧及家事，所以會選定一天來徹徹底底地打掃！

💡 由小地方著手，每日平均分配的**善分配小姐**

凡事有計畫性，偏向每天孜孜不倦，一點一滴地進行，喜歡積少成多，屬於馬拉松選手型。此型的人平時就打掃得很仔細，從不堆積家事。對於一氣呵成的大掃除通常招架不住。

喜歡依計畫行動的你，與一次性的掃除工作相比，平日就隨時清掃的方式較適合你。今日事今日畢，若將今天的髒汙在今天之內清理完畢，就會有一整天的休假可以從事自己喜歡的活動。成為勤奮的善分配小姐祕訣在於：不論作菜、洗澡或任何活動後，一定要將環境恢復原來的面貌。

平常在家就會一邊看電視一面掃除灰塵，仔細地清掃家中塵垢。即使不選特定日子進行掃除工作也無妨，是屬於將掃除工作平均分攤在每一天的類型。

每一件物品都有固定的擺放位置，用完後每次都能歸回原位。看不慣家中東西散亂一地，總是收拾得井然有序。在此，吸塵器是最適宜的掃除用具，即使每天使用也十分方便，又不麻煩。

做菜的同時，一邊進行收拾清理的工作，一邊處理烹調後所產生的油汙，在用餐後不僅能好好地放鬆休息，其廚房不太需要特別清掃，也可常保光亮潔淨。

泡完澡後總是習慣用蓮蓬頭將浴缸整個沖洗一遍。由於有這樣的習慣，你會意外發現清潔浴缸時省事不少，是個做任何事之前都會考慮再三且謹慎小心的人。

Mr. Messy，找出你的亂源！

「妳的房間整理得很乾淨嗎？」根據調查，20歲世代女孩有2成房間都很髒亂。

最近又有坊間統計發現，寢室乾淨與否，其實與肥胖有著密切關連性；日本株式會社e-junction隨機對30～60歲的男女進行了「關於肥胖和整理整頓的實態調查」這項研究，結果居然發現「身材肥胖」與「房間偏向髒亂」呈現正相關，反之，瘦的人比較有房間整潔的傾向。

體能訓練師吉川朋孝先生說，減肥和整理、整頓的確有其因果關係。活動的頻率越少，就越容易發福；脂肪不是半刻累積起的東西，如同房間越來越雜亂，它也是一點一點達成的結果。快點審視一下妳的房間，如果骯髒又散亂，不久的將來妳發胖的機率搞不好相當高……

相信大部分的人，都不是天生喜歡居住在一個雜亂無章、滿是灰塵的空間，至於為什麼房間環境會如此不堪？多半是後天所造成，性情懶惰、習慣不良、不收拾、不歸位……等等理由，造成永不整潔的因果輪迴。

想知道導致妳髒亂的最大主因是什麼嗎？快做做以下的自我診斷！請在符合自身情形的選項前方打 ✔，勾勾數目最多的區域，便是妳的Messy Style！

A區

☐ 衣服晾乾後還會多擺個幾天，沒得穿時再收就好。

☐ 環顧一下寢室，發現三、四天前使用的物品尚未收起來。

☐ 回家後就喜歡窩在棉被裡，掃地、拖地什麼的明天再說。

☐ 習慣性衣服、襪子、褲子一一脫在地板，反正要再穿也很方便。

☐ 認為只要表面看起來是整齊的，雜物都往櫃子裡塞就萬事OK。

☐ 久久打掃一次，發現整理過的空間比原本大很多。

B區

☐ 有一些已經用不到的文具，但總覺得不該丟棄。

☐ 路上遇到發贈品的人，一定會衝過去索取。

☐ 看順眼的物件就會購入，不太認真考慮實用性。

☐ 曾經回想起某些丟掉的私人物件，覺得後悔這麼做。

☐ 即使收到不適合自己的禮物，基於對方心意也會收藏好。

☐ 無法明確地說出自己抽屜中有哪些東西。

C區

☐ 週末行程總是滿滿的，和平常日相比，更無閒暇時間。

☐ 喜好廣泛，也花了不少時間在個人興趣上面。

☐ 加班是你現在工作的常態，下班時早已過了垃圾車的時間。

☐ 比起邀約朋友來家裡，較常與朋友一同出遊或在外聚餐。

☐ 心裡覺得：一天即便有36小時仍然不夠使用。

☐ 手邊總有要事在處理，家事只好排在工作的後面。

D區

☐ 衣櫃隨時隨地都處在滿出來的狀態，找衣服非常艱難。

☐ 為了住在高級一點的地段，選擇房屋時對小坪數妥協。

☐ 老是覺得家裡有點兒狹窄，地板都快沒位置走了。

☐ 考慮添購新的櫃子以免東西爆滿，但是新櫃子似乎也沒地方擺。

☐ 住宅面積與一般平均值相較，小了好幾坪。

☐ 不曾改造過收納的空間、不太熟悉收納的話題。

▶解答

A. 個性邋遢的懶惰鬼

要妳根治那屹立不搖的惰性，是不是一項艱難的任務呢？與其強迫自己瞬間變得勤勞，不如找出那些「最偷懶的收納術」，只花費短短的時間，輕輕鬆鬆做整頓，也許更適合妳唷！

B. 多愁善感的念舊族

請認真思考三分鐘！家中有哪些物件是超過一年都沒碰過的？將用不著的東西擺著占空間，才是種浪費，不如捐出來給需要的窮苦人家吧！學習收納前，妳最需要學會的便是清空垃圾！

C.披星戴月的忙碌人

其實妳的整頓功力並不輸人，只是缺乏充裕的時間，那麼，養成日日「順手歸定位」的好習慣，就是妳不可省略的步驟了。當雜亂不會隨著時間越積越多，再忙碌也不用為了環境煩心呢！

D.空間偏小的可憐蟲

住所先天條件不足，最該認真學習收納術的就是妳了！櫃子深處、門上、牆壁、天花板、夾角處……都充分運用了嗎？不要放過任何一個角落！聰明「發揮閒置空間」，你家立馬大三倍！

Chapter
1

收納觀念圈圈叉叉：
3大惡習＋4大原則

「神啊，我到底為什麼如此髒亂？！」
缺乏正確的收納觀念，
再辛苦收納也會一秒被打回原形！
快根除導致凌亂的愚蠢念頭，
掌握完美收納該有的「認知」與「心態」，
踏出收納成功人士的第一步！

概念關卡！
收納達人の養成

Start

level 1

P.018

貪心 不拿贈品好可惜？

level 2

P.020

捨不得 丟棄東西超罪惡？

level 3

P.025

拖拉 明天再來學收納？

level 4

P.029

做分類 看心情決定收哪裡？

level 5

P.030

斷捨離 收納初學者更該放下？

Stage Complete！

（惡習1：窮人癖的小器思想）
不買白不買的垃圾山

人，都有貪心的念頭；聽到打折扣、大減價，趕快去買一大堆商品回來囤積，唯恐過了折價期間，再也要不到如此划算的價錢。跳樓大拍賣的時候血拚，價格的確是很便宜，然而，若是發現不合適，例如：下單了20、30罐防曬乳液，結果卻引發敏感性皮膚塗抹後過敏，最後全部都不能用了；這不僅僅是損失，還佔用了家裡空間，丟也不是、不丟也不是、送人又麻煩……反而造成自己的碩大困擾。過去社會上曾推行過一波波「不二價」運動，可惜一直到今日，降價求售、討價還價的現象，仍然非常地氾濫。

👕 搶到賺到？贈品的誘惑陷阱

便利商店集點贈、百貨公司滿額贈、路邊大量發送的面紙、大賣場擺放的試用包、買一送一、婚禮小物……等等，「贈品」可以說是滲透民眾的生活，無處不在；站在廠商的立場來說，這是提升品牌能見度的行銷策略之一，他們抓住了消費者的心態，瞭解多數人都喜歡「收到禮物」的感覺，略施小惠，便輕易達成刺激買氣的效果，甚至有些較黑心的廠商，粗製濫造各種廉價物件，就為了讓買家在聽到或看到「贈品」時，停下腳步多撇個幾眼。

「貪小便宜」是不少台灣人的通病，為了一絲絲蠅頭小利，忍人所不能忍，例如：徹夜排隊搶奪「免費贈品」、吃飽沒事做等待「便宜餐點」、冒著颱風下雨也要索取到「超值票券」……甚至是為了排隊順序，還可以潑婦罵街、大打出手，說有多低俗就有多丟臉！

然而，仔細檢視之後，會發現很多「擺好看」、「不實用」、「多餘」的贈品，像惡靈一樣纏繞在生活空間裡，大大縮減我們的活動空間；冷靜思考一下：「我們抱著冒險犯難精神也要搶到手的贈品，真的那麼有價值嗎？」答案多數都是否定的。

價值的生命力比價格更長久

　　有的人特別喜愛購買便宜的東西，貨比三家，從來沒想過期間花費的時間也許更無價，並且因此沾沾自喜：「你瞧瞧，我多麼懂得理財。」買便宜貨，看似真省錢，殊不知一到搬家的時候，就開始犯愁了：這些買即溶咖啡贈送的杯具品質真悲劇、那些週年慶失心瘋購入的划算衣服，之後真正穿過的卻沒有幾件……反而是當初雖然嫌它貴鬆鬆、仍咬著牙買下的物件，也許是由於打從心底喜愛著，利用率最為頻繁！

　　每當一件產品讓你產生：「哇，好划算啊！」這樣的念頭時，我們最好仍要記得先警惕自己，並且詢問內心：「我是不是真的需要它？是不是真的喜歡它？」

　　曾經上過收納相關課程的一位學員分享說：「當我開始看重一件物品的價值勝於它的價格的時候，雜物漸漸變少，周遭令我感到怦然心動、用起來順手的東西越來越多了。現在我上街購物，尤其喜歡先看品質、再查價格，若便宜那自然是意外之驚喜，反之，超出自己經濟負擔範圍的，那便列入願望清單，繼續努力；有點貴，實在欣賞，荷包也有預算，那就閉上眼睛拿下來。」

　　也許購買的時候是覺得貴了些，也有其它更便宜的選擇，但是對價格的印象通常買回家沒幾天就慢慢淡去了，剩下的就是這件物品對於購買者的價值。即使是總共花費的金額差不多，然而，一件因喜歡而付款的物品，勝過十件因便宜而入手的！

（ 惡習2：捨不得的囤物狂 ）
一股罪惡感導致丟不下手

「新竹37歲的江氏女子，慣性將路邊廢棄物拎回家中層層堆放，臥室不能睡覺、浴室不便洗澡、廚房無法下廚，其丈夫在忍無可忍之下，訴請離婚……」

「嘉義89歲的林老太太，以拾荒維生，臥房滿滿是回收進來的垃圾，空間狹窄，因此長期露宿道路分隔島，鄰居不堪其擾，請來社工、員警介入協助……」

「2010年，人們發現芝加哥的一對夫婦，被房屋中囤積了多年的廢棄物品給活埋……」

你身邊也有像這樣子的人嗎？不論派不派的上用場，總是樂意把一大堆的物件搬回家去，長期下來廢物泛濫成災，偏偏哪一樣都不捨得扔掉，於是新品項不斷增添、不斷增添，其中再老舊的瓶瓶罐罐、鍋碗瓢盆也繼續被保存著，儘管它們甚至已經妨礙到了正常生活，這些人樂此不疲，放任自己活在無邊無際的垃圾海中，實在不知道他們的腦袋出了什麼問題。

🏠 強迫性的囤積怪癖

1966年，在美國的醫學論文中，已經出現「囤積（hoarding）症」這一個字眼；2013年，美國的精神醫學學會新版手冊，正式把「囤積症」定義為需要治療的一種心理障礙。

醫學臨床研究發現，囤積病患的大腦活動情況，與正常人非常不一樣，當這個人試圖決定將物品扔掉時，此刻他的大腦傳遞給他

的訊息，會讓患者好像在經歷一件非常痛苦的事情。

該如何分辨出囤積狂呢？這個族群不僅僅是懶得打理家務，他們對屬於自己的物品保持著一股非常濃烈的情感，此情況可以誇張到即便只是一枚不敷再使用的破爛memo紙碎屑，他們都丟不下手。異常偏執地將毫無用途（甚至是腐敗、變質）的垃圾蒐集起來，最嚴重的狀態下，後來整間屋子只剩下儲物功能而已，而這種人毫無疑問的就是囤積狂。

患有強迫性囤積症狀的人們，往往他們的居住處是竭盡所能地髒亂，基於光線幽暗、通風不良、動線不流暢，隨時有染病、受傷、火災和無家可歸的危險，在他們的心中，對於那些捨不得丟棄的物件，可能有著不切實際的估價，以至於過分依戀，甚至影響周遭群眾、傷害到病患在社會中的人際關係。

除此之外，囤積癖的病理特徵分成許多種，有的會因為過去的心理創傷而更加重，其中囊括了瘋狂囤物、思維集中困難、過分完美主義，或是出現一種兒童似的逃避行為，無法面對任何與丟棄物品有關係的不適感受。

囤積狂對其私有財產的愛是如此強烈，以至於想勸退他們停止愚蠢的行為十分有難度。若逼迫這些人拋棄一點東西，有的案例甚至會瞬間陷入極度憂鬱，還出現恐怖的自殘、自殺行為，嚇得身邊的親朋好友是愛莫能助。

「囤積」是一種病，不是懶惰、也並非正常現象。

目前，沒有藥物能根治強迫性囤積症，而「認知行為治療」是唯一能協助病患做出決定並且不爆走的療法。

欲減輕患者扔東西時依依不捨的情緒，必須從「練習丟棄」開始，其實，適當的參與清理的過程，對於消抹患者心中的創傷或多或少有助益；反之，若始終逃避一起做分配與取捨，那麼他們對於

事物的依賴感永遠無法獲得改善，囤積陋習也沒辦法轉變。

👕 囤積症患者的治癒之路

　　一旦囤積病患有心要做改變，請緩和地給予贊成、鼓勵，並讓對方明白你的關懷與擔憂即可；若是一味地激烈批判，貶低其囤積物件、頤指氣使地指揮對方丟東西、甚至動手開始清雜物、趁機把東西統統扔掉……都恐怕會衍生出雙方的衝突，如何對待有了改變動機的囤積者，以下是幾點注意事項：

1. 讓囤積者參與過程

　　清理的最主要目的，就是幫助囤積者恢復其住處的機能，因此對方必須親身經歷由雜亂回到正常的改造過程，之後故態復萌的可能性才能降至最低。

2. 別代替囤積者做決定

　　囤積者之所以為囤積者，便是因為不捨得丟，如果對他下令哪些東西該丟，唯恐他內心反彈，應該試著詢問：「該如何騰出空間來？」促使對方自行思考與做抉擇。

3. 抓住囤積者的注意力

　　對物件有特殊情感的囤積者，容易在整理時陷入回憶、分神、猶豫、天人交戰、停止動作，身邊的人適時點醒他，或提醒他將眼光放遠，離整齊清潔的目標才會近一些。

4. 擔任囤積者的小幫手

　　包山包海的囤積家當，如果靠患者一個人來處理，想必更容易

半途而廢，不如捲起袖子擔任掃除小助理，分擔對方的辛苦，同時給予他行動與情感上的支持。

5. 偕同囤積者上街購物

要徹底改善囤物惡習，嚴防對方才將空間空出，又採買更多囤貨，囤物患者逛大賣場時可由家人、好友陪伴，並且督促他多想想：「家裡有地方放嗎？是否真的有必要？」幫助他抵抗誘惑，再慢慢脫離囤物癖。

捨不得丟掉也是一種病

實際上，依據不同喜好，每個人加減都有些微的囤積習性。可能你有個櫥櫃，塞滿用不著的電器、多年不翻閱的文件、破爛的毛毯、過時的衣服……等等；也或許你家有一個雜物間，專門擺放些暫時沒心思處理的小物件。

惜物過了頭，小心變成「囤物狂」。心理學上相關研究指出，熱愛囤物者大約五成有精神方面的疾病，包括強迫症、精神分裂、失智症……等等。若症狀較輕微，雖不至於被診斷為一種病，恐怕也具有強迫性人格。

市立聯合醫院松德院區精神科主任分析：「強迫症」患者的囤積習慣，傾向於蒐集同一類物件，或者雖然收藏不同的項目，但會把每一種東西分門別類的放好；至於「精神分裂」，則是會不斷把有價值、沒價值的事物通通帶回家裡，而收納方式雜亂無章法；而「失智症」病人的認知功能已趨退化，所以他們搞不清楚東西是應該拋棄或保留下來。

然而，不少囤物者會積極辯稱自己僅是收藏家，其實，兩者的差異之處不端看數量，而是有沒有讓住處淪落為倉庫，造成生活上

舒適度的妨礙。以下是由心理學者所條列出來，用以比較「收藏」與「囤積」，一個淺顯易懂的表格：

收藏家	囤積狂
物件具有獨特一致的主題性	物件類型廣泛，說不出具體主題
東西不重複，含有特殊意義	同一個東西重複買好多件
有固定的專屬陳列空間	物品四散，沒有妥善收納
談論自己的私有物覺得驕傲	提及自己的私有物覺得羞赧
理財規劃通常完善	容易入不敷出，甚至負債累累
願意放棄某些東西，換取更有價之物	不願意丟棄任何一件東西
購入新物品感到心情愉悅	不知為何購買，且心情煩悶
住所不受到收藏品的影響	雜物嚴重阻礙家居功能

太超過的囤物行為，被視為需要接受治療的心理障礙。如果你的家人對廢棄物難以抗拒，丟棄任何物品都充滿巨大罪惡感，結果導致住處凌亂不堪，甚至連下腳的地方都沒有，在精神科醫師判斷中，他很可能是一位「囤積症」的預備軍或準病患！

▲ 囤積加上捨不得丟的惡性循環

惡習3：拖拖拉拉症候群
決心搖擺不定，效率零分

　　某天，你心血來潮，想把雜亂已久的房間整理一番，並且當下就採取行動，想像收納之後清潔溜溜的房間滿心期待，沒想到進度還未過一半，已經感覺好睏，於是你告訴自己：「不如明天再繼續吧！」然而一天過一天，卻再也沒有下文了。

　　拖拖拉拉，其實是在對自己說謊，安慰自己明天、後天、大後天……一定會開始認真學習收納，然而永遠沒有趕上落後進度的那一日，你是不是也常常這樣呢？

　　人其實是種不擅長自我管理的動物，易怠惰是人類的本性，當拖延症又發作，你非得哄騙自己去做不可！如何增加收納的效率？專家提出了以下四點建議：

1. 將工作內容規劃成幾小部分

　　要將一整個家居空間整頓完畢，似乎是個既花時間又汗流浹背的遙遠目標，想到就叫人退縮；不過，若將任務分割成各個執行階段，例如：今天整理衣櫥、明日收納浴室、週末打理廚房，看來似乎就不那麼難以達成，也並非如此恐怖了。

2. 從最不乏味的部分開始執行

　　做自己喜愛的事，動力十足，效率總是相對高，因此掃除也由不排斥的部分做起。例如：丟掉垃圾最爽快，那收納就從淨空廢物開始；先將最愛護的寶貝物件收納好，感覺普普的東西再逐一選擇

要保留或拋棄……

3. 杜絕使人分心的誘惑

　　整理家務，首先必須排除掉所有會拖延進度的阻礙，例如：上臉書、划手機、一邊看電視、回朋友訊息……都是最容易使工作中斷的引誘，一旦開始，在完成以前，最好逼迫自己遠離這些分心因素。

4. 設定整理的截止期限

　　適度的時間壓力，對於一個人專注力的維持與表現仍有必要性，當截止期限擺在眼前，讓人多了份緊張或焦慮，不自覺地就會加快手邊動作。此外，確實掌握進度，亦可以為自己帶來成就感。

5. 拿出堅定的決心

　　透過整理物件回味一些往事，可以替枯燥的收納作業帶來絲絲吸引力，但如果因此捨不得丟棄任何物品，就失去了掃除的意義；要打敗拖拉病，不能過度的沉浸在回憶中，再也用不著的東西，就下定決心狠狠拋出。

▲ 優柔寡斷的人做收納慢吞吞

原則1：拋棄是一種美德
收納就從重新檢視所有物開始

東西若是「只進不出」，自然很容易就把房子給塞到爆炸。當我們丟不下什麼東西，其實是沒有安全感在作祟；但是，若不將廢物清掉，收納絕對做不好。

拋棄舊的物件，新的東西才有空間能夠進來，整理房子的過程裡，也是同時在整頓自己內心。

丟東西是收納的第一堂課

每每談論到收納相關話題，許多人都脫離不了「丟棄」這個癥結點，有的家庭主婦喜歡將「東西還沒壞就拋棄多麼浪費啊！我就是沒有辦法丟東西。」這種說法掛在嘴邊。

雖然「不可以浪費」是媽媽從小教給我們的正確觀念，然而，認真思索之後會發現，將那些再也用不到的物品深埋在自家角落，何嘗不也是一種浪費呢？

舊家具可以拍賣給需要的買家、舊衣服可以捐給窮人家、回收垃圾可以經過處理再成為資源……東西經過淘汰到其他人的手裡，並不構成所謂浪費的行為。

如果能找尋到新的收納方式、新的收納用品，改善凌亂不堪的環境，那麼強迫自己丟東西未必是收納的唯一途徑；然而，若收納空間有限、房間一團糟，嘴上仍然堅持說著「沒辦法丟掉」、「捨不得丟掉」，那只是找藉口逃避整理作業，不願意面對挑戰，那麼清爽美妙的居家環境自然離你遙遙無期。

從開始學習收納的第一秒起，應該立刻停止再吐出「沒辦法」這樣的字眼，與其替自己找台階下，不如認真地思考、擬訂計畫，接著一步步執行，才能往乾淨整齊的好宅邁進。

不是丟掉不要的，而是留下要的

曾有民眾反應，自己花了很多時間在整理房子，卻成效不彰，每次都只能淘汰一點點東西。最大的原因是因為，他們誤解了收納這件事，都把重點錯放在「丟棄不需要的物件」，而並非是正確的「留下自己需要的物件」。

請想像一個畫面：你正在整理抽屜，努力翻挖著內容物，希望找出一些可以丟棄的垃圾，好騰出空間，你拿起一件物品，猶豫了半天，又放回抽屜，再拿起另一樣東西，煎熬了一陣，仍然再次放回去，重複以上的動作整個下午之後，收納進度停滯不前，最後在收納地獄中不斷輪迴……。

快抄下成功收納的大關鍵：比起丟棄不要的，重點更應該放在「留下要的」、「留下最精華的」。

你應該逆向操作，把物件通通拿到抽屜外，再一個一個審視，把「要的」擺回去，若一樣東西連讓你留下它的慾望都無法激起，那麼別再對它感到不捨了，它就是屬於你「不要的」物品，也就是應該拋之而後快的空間垃圾。

其實，每件物品一定都擠得出幾個理由讓你留下它，但不是每樣物品都會帶給你「非留下它不可」的感受，收納乃「去蕪存菁」，除了需要、必要、實用且心愛之物件，其餘的物品一概以丟棄處理，收納才能往前進一大步。

原則2：同類需一起整理
留下符合空間與需求的數量

「分門別類」是收納的基本功，如果僅僅將所有的物品翻出來，無系統地「看到哪裡、整理到哪裡」，比方說收完客廳才想到廚房，假設這兩處放置了某些重複的物件，也都沒有被丟棄，那麼一樣還是會落得收納失敗的下場。

以種類為單位

收納時，不是以單一品項為單位，而應該以「種類」為單位，例如：要整理餐盤時，就將整個家裡面所有的餐盤集中到桌上，並且分出大碗公、小碗、深盤、淺盤、湯匙、叉子……等不同用途的類別，接著你可能會對於物品的數量感到驚訝：「原來全家有那麼多的大碗公啊？但是以這個數量來說，好像太多了，留三個放在常用區，三個則放在儲備區，其餘的都可以送人了！」依照種類做整理，可以讓你頭腦更清晰，並且對於東西的多寡更心裡有數，在取捨時還可以拿在眼前一起做比對，下丟棄抉擇時能夠更篤定，不會猶豫不決，也可以避免某些遺忘的物件繼續被塵封在家中的角落。

▲ 先分類、做整理、再收納

（原則 3：斷、捨、離）
不擅長收納的人們，更應該學會收納

「斷、捨、離」前幾年從日本開始，在世界各地掀起新風潮，它是一種生活思維，從心理層面來看待自己的生活，將心思與空間做連結，檢視自己真正的需求，接下來做出最有效的取捨。

👕 收納裡的斷捨離

斷捨離的思維，與收納應該有的心態，可以相輔相成，斷捨離的主軸就是學會「淘汰減量」，與收納裡最重要的課題不謀而合：

中心思維	收納含意
斷	斷絕所有不適合自己的物質欲望。
捨	捨棄居家空間中無用的多餘東西。
離	學習讓自己脫離過分的戀物執著。

👕 讓收納窒礙難行的心聲

收納失敗者最常見的弊病，就是把物品分為「要」與「不要」二種，這樣子的「二分法」，最容易讓人難以抉擇，因為在要與不要之間，勢必還有一些灰色地帶，只要仍有一絲絲想保留的薄弱因素，減量行動就不易被執行，我們需正視這些心中小小的聲音，並且慎重的破解心結，才能得到那把開啟淘汰之門的鑰匙。

下方列出了不擅長收納的人們最常出現的各種心聲，這些思考方式就猶如心中的魔鬼，成為增加收納困難的阻礙：

「衣服還沒有破呢，當作居家服加減穿吧！」

　　年幼保留下來、穿著頻率極低、不適合外出、起毛球的衣服，很多人會將其留下來當作家便服，認為睡覺穿、週末穿，至少可以延續一下衣服的價值。但別忘了居家服的基本條件要穿起來舒適，如果是材質本身拘謹不自在，請立刻淘汰，頂多選1～2件寬鬆舒服的留下來，其餘沒有留過量的必要。

「當初買這件衣服花了不少錢耶，不能丟啦！」

　　東西的價值不僅僅視其原價而定，若英雄無用武之地，空擺著不穿亦是一種浪費。何況衣服隨著時間的過去，肯定已不達當初的價格了，既然花出去的金錢不會回來，與其賭一口氣因為不甘心而保留著，不如分享捐贈，更能提高它的價值。

「我要看著小一號的衣服，激勵自己減肥成功！」

　　試穿衣物時不自量力，硬生生的買回穿不下的物件，又捨不得送人，心想只要天天瞧它一眼，勉勵自己，總有套進去、穿上街的一天。這種「許願衣」的存在，更多時候只會堆放成心酸，如果你真的想證明減肥的毅力，那麼請訂一個期限給自己，期限一過尚未變瘦，那麼別再白白囤積、浪費空間了！

「我留著這些退流行的衣服，是為了等它流行回來！」

　　流行如此瞬息萬變難以捉摸，舊衣會不會流行回來都還未可知，你卻要為了這些不敢肯定會再穿到的衣服，花費衣櫥裡一大個空間做存放，幾年過去再拿出來，可能還要承擔它發黃、長蟲的隱憂，難道不會太傻嗎？若你是一個視流行如命，穿衣首重流行與否的新新人類，那麼穿不到的衣服請丟了吧！

(原則 4：勿將家當作大雜燴)
請重視每個空間的獨具功能

　　大掃除時，通常會依循廳室，一間一間做打掃、做收納，除了同類物品要集中取捨，空間上會以廳室為單位、各個攻破，在整理每一區域時，別像個掃除機器一板一眼的做完，應該用心思考一下，各廳室獨有的用途是什麼？該有何不一樣的收納策略？

玄關與客廳，是一個家庭的門面，訪客一進門就是玄關，再看一眼整個客廳就盡收眼底，親朋好友作客時也在這裡待上最久，因此盡量避免堆積個人的物品在客廳，以減低雜亂度，並且多多採用「隱藏式」的收納法，增加本區的美觀。

廚房與餐廳是放置食物之處，為了避免蟑螂、果蠅等等壞蟲棲息，這個區塊的清潔度便成為首要的整頓條件；此外，由於煮食時的時間掌控，對於菜餚的美味與否有一定的影響，因此，根據動線做「方便式」的收納，也是廚房與餐廳收納的一大重點。

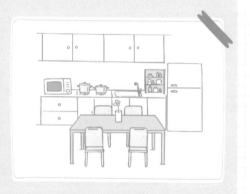

浴室是我們經過一天疲憊後，洗去全身髒汙的地方，所以對於它的乾淨度要求自然不在話下。除此之外，光著腳丫在浴室中走動，所以本區宜選擇「簡約式」的收納，東西能少盡量少，牙膏、沐浴乳、毛巾⋯⋯等庫存也要置於櫃子裡，勿影響出入。

最為私密的寢室空間，可以依生活型態，做「個人式」的收納，不僅收納的多半為專屬的寶貝物件，保有回憶與情感的信件、紀念物，也由本區替你妥當的保護起來，認真找出最適合你個人的收納方式，休憩及睡眠時，才能有一顆安穩的心。

書房是知識的大寶庫，也是人腦活動最旺盛之地，「陳列式」的整齊收納最適合本區，不管是書籍、文具，都請以分門別類、整齊排序的方式做收納，將空間中的凌亂程度降至最低，相對的就可以大大提升書房使用者的專注力，不受環境的干擾。

My臥房！

隱蔽、私密、極舒適的個人小天地

房間是休憩與充電的貼心後盾，

收藏你的一切喜怒哀樂，

連最私人之地都被髒亂佔領，

莫怪所有的生活會一團亂！

請懷抱神聖的心好好維護這代表你的小世界。

臥房關卡！
收納達人の養成

Start

level 1

寢具 睡覺的夥伴怎麼收？ **P.036**

level 2

衣物 動不動疊成小山丘？ **P.046**

level 3

配件 零零散散收不完？ **P.078**

level 4

包包 尺寸不一難以整齊？ **P.081**

level 5

私用品 擾亂抽屜的大魔王？ **P.083**

Stage Complete!

臥房是家居空間中最需要安寧之地，一個清爽的寢室能提供主人輕鬆、舒坦的休憩處。而當我們提及睡眠好與壞，最受到關注的不外乎就是那張床了吧？

正常作息之下，每人每天平均要花1/3的長時間躺在床上，床可以說是我們相處最久的親密愛人，而其中又以枕頭、床單、毯子、棉被與自己時時刻刻「肌膚相親」，因此，這些寢具的保存良好與否，重要性自然是不言可喻。

收納攸關寢具品質

想要維護品質、保持整潔、延長寢具的使用壽命，入櫃之前的處理是收納關鍵，晾床單、被套時，最好避免直接曝曬在烈陽下，以防纖維受到破壞；將印花反轉朝內，再移至陰涼通風處待其慢慢轉乾為佳。如果未能完全乾燥，則建議使用烘乾機，以低溫烘過再做替換或收起來。

在台灣這樣四季潮濕的國度，寢具的收納絕對不能忽略濕度，除了在衣櫥內擺放防潮劑，若可以定期使用除濕機吸收水分，也是減少濕氣對寢具傷害的好法子。

另外，根據統計，國內有90%以上過敏患者都對塵蟎有過敏反應。枕頭套、床單、被套都需要勤加清潔，約1～2個星期就應該洗過一遍，若用55℃左右的熱水清洗，則能達到殺滅塵蟎的效用。部分民眾會倚靠烘乾機的高溫殺塵蟎，然而，許多人不知道的是，死掉的塵蟎屍體，一樣會引起人體過敏，因此還是要再多加上一個清洗的步驟，避免塵蟎附著在寢具上。

隨著季節的交替，寢具待在櫃子裡的時間頗漫長，「清潔」、「除濕」、「防潮」和「防蟲」，是收納的四大要點，這些項目若做的好，經過半年的保養，隔年就能享受到寢具帶來的舒適。

棉被
模仿壽司的捲捲收納術

　　端午節一過，通常便正式進入夏天，氣溫開始回升，也代表著可以暫時與厚重的冬季棉被說掰掰，把它們收進儲藏櫃裡面。現在的棉被種類越來越繁多，不僅有傳統的棉被，還有蠶絲被、羽絨被、羊毛被、人造纖維等等特殊材質的被子，針對不同材質，這些棉被在保養與收納上可是有差別的！

🧥 棉被的分類再保養

　　一床溫暖的棉被是家家戶戶冬季所必備的，該如何做清潔與晾曬，亦有不少眉角，錯誤的方法恐怕會減短其使用期限，棉被在收納前必須先行曬過，才不會因受潮而有異味或發霉，讓我們看看專家如何將它們分類處理：

蠶絲被

　　蠶絲有「女王纖維」之稱號，它是純天然動物蛋白製成，質地柔軟、觸感極優。將蠶絲被買回家以後，請費心好好照顧，可不能將它當作一般的棉被直接放在太陽底下曬，否則蠶絲蛋白一旦受到紫外線影響而變質，纖維就會脆化。

　　要是不小心把蠶絲被弄髒了，可視情況進行局部的擦拭即可，若是嚴重的髒污則建議送乾洗；受潮的蠶絲被一樣不宜曬太陽，可放置於陰涼處風乾，或僅僅以清晨或黃昏較微弱的日光曬1個小時。此外，將蠶絲被丟進洗衣機水洗是萬萬不可，那會造成棉被結塊，

毀了整件蠶絲被。

為了避免蠶絲被內部的纖維失去彈性，建議每週將其拿起來用雙手大力抖動一次，並且於收納時避免重壓，好好保存之下，蠶絲被的生命週期頗長，約7年再汰換也不成問題。

羽絨被

羽絨被既蓬鬆又透氣，而且質地最是輕盈、壓迫感最低，重量只有蠶絲被的1/2、傳統棉被的1/3，是棉被中的極品，價格雖然相對昂貴，但一般來說保存期限約莫長達10年。

在清潔的方面，羽絨被一般洗滌標示為可水洗，專家建議放入大型的洗衣袋內，再選擇洗衣機的弱速洗乾淨。不過由於台灣氣候潮濕，除了每2週定期平鋪開來，以除濕機除濕，每隔3～5年將其送乾洗一次更佳；或者是挑選一個晴朗的好天氣，讓羽絨被曬曬太陽、吹吹暖風，約半天的時間就可以帶走暗藏的濕氣。

另外，收藏羽絨被時，避免被尖銳物刺到，否則羽毛外露滿天飛，被子恐怕就不敷使用；並且請勿裝入真空收納袋，否則恐怕造成其彈性疲乏，進而大大影響到被子的保暖性。

羊毛被

如同羽絨被，羊毛被也是市場上的熱銷品，除此之外，其保養關鍵與羽絨被大同小異，著重在於每隔3～5年需要將它拿出櫃子來晾曬、吹吹風、除除濕氣。

羊毛具有獨特的保暖性，彈性亦相當持久，即使經過了長期的使用仍能維持彈性和蓬鬆度。此外，羊毛纖維含有特殊的天然蛋白成分，耐火性佳、可抗靜電，所以不易吸附灰塵，只要定期曬日光1小時左右即可，若有嚴重髒污則建議直接送去乾洗。

人造纖維被

　　人造纖維具有多點優秀特性是纖維強、彈性高、難縮水、較少發霉、防蟲咬，還有好洗、快乾、價格便宜等優勢；缺點則是使用期限較短促，大約只有2～3年的時間。

　　人造纖維被通常都會有打褶、繡縫，所以最好是每年都要用弱鹼性洗潔劑清洗一次，速度以弱速為佳，曬棉被時，應避免中午時段，適當的時間在早上9～11點、下午3～5點，太陽下山前最好將被子收起，以免天黑後濕氣又產生。

　　另外，人造纖維被通常會混合部分的棉花，記得至少相隔約4年，就要將裡頭的棉花彈一彈，以防止棉被變形走樣。

用衣櫥上層做棉被收納

　　除了人造纖維的棉被外，其他材質的棉被都不適合用壓縮袋收納，否則被子裡的天然纖維結構易被破壞掉。

　　被子買來時附帶的原始透明棉被封套，是收納棉被的最佳道具選擇，它們除了可維持被子原本的蓬鬆度之外，規格統一，有助於在櫃子裡面整齊地擺放。

　　打包好的棉被，放入衣櫃後，有約半年的時間不會再接觸到，基於空間規劃上，建議收藏在平常較少取放的衣櫥頂層或是深處，都是充分利用閒置空間的好主意。

棉被這樣摺 不NG

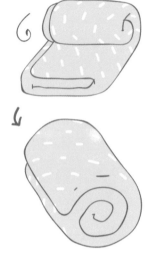

❶ 鋪平並且擠出棉被裡的空氣後，摺成長條狀。

❷ 接著捲起棉被，盡量捲小，呈現圓筒狀後可用繩子綁緊。

❶ 先將棉被對摺成長方形。

❷ 由1/3處往下摺。

❸ 再往內摺一次，對齊邊邊處使其剛好呈豆腐狀。

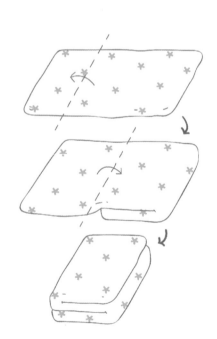

床單
使用中、替換用，兩組恰恰好

　　一般而言，我們會有2組以上的床單來替換，一套拿出來使用，其餘則要收納起來，過多的床單，僅僅是佔領櫥櫃空間的廢品，因此準備2～3組床單就綽綽有餘。

　　收藏前，床單勢必要先清洗過、曬過太陽、完全乾燥，並且要加強防潮、防蟲，若不慎出現黃色斑塊，表示已滋生細菌或蟲類，最好丟棄換一條新的。

Smart! 收納偷吃步

吸塵器是塵蟎的剋星
曬過的床單要取下前，建議用吸塵器吸一吸，先吸過可以將床單上的毛髮、蟎蟲吸取乾淨，甚至連細小的灰塵亦能順便清除喔！

👕 床單清洗頻率

　　倘若問到床單多久必須洗一次，很多人都會回答1個月、2個月，甚至是3個月以上；然而皮膚科醫師表示，夜晚休眠時，人體會排放油脂、分泌物，所以床單最好每1～2週就拆下來做清潔工作，才能降低引發過敏的機率。

👕 摺不整齊的皺床單

　　洗完床單，最討厭的就是摺床單了，怎麼努力摺都摺不回原來的形狀，沒有摺好，它還會很容易就消耗掉衣櫥的空間。面積超大

的床單，是你的臥室收納罩門嗎？好不容易才把它們洗得香噴噴，最後卻變得皺巴巴，多麼令人傷心！

回想一下，你平時都是怎麼摺床單的呢？你是不是把它隨便的揉一揉，捲成一個球，然後塞到衣櫥裡？殊不知下次要使用時，都要尋找好一陣子，各種花色的床單、被套、枕頭套彷彿在衣櫃裡頭玩起了大風吹，讓你遍尋不著？

床單的花色收納法

收納專家們在這裡提供了一個極為聰明的收納妙招，只要善於利用相同花色的寢具組，依照它們的圖案做收納，把床套摺疊好之後，通通塞進相對應的枕頭套中，擔心同組寢具分家的情況便立刻解決了！既省下空間，又一目了然，收納與取用雙贏！

除了「花色收納法」之外，摺床單達人也列出清楚的步驟，來教導大家如何摺出豆腐干狀、扁扁、整齊的床單，快跟著圖解挑戰看看，正確的摺法花費的時間實際上與亂摺的一樣多，並且還可以幫你省下不少櫥櫃空間。

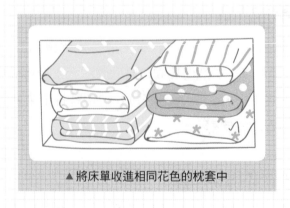

▲ 將床單收進相同花色的枕套中

床單這樣摺 不NG

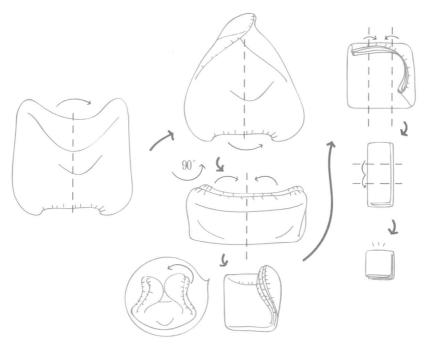

① 拿起床單，兩手各放在一角的位置。

② 將手裡其中一角，套進去另一角之中。

③ 將其餘的的第3、第4個角也一起疊上來。

④ 接著將床單攤平，不讓4角重疊的位置跑掉。

⑤ 橫向摺成3等分。

⑥ 直向往下摺2次。

⑦ 擠出空氣壓平呈豆腐狀。

枕頭
定時更換，定期出清

　　枕頭作為最重要的寢具之一，與人的睡眠息息相關。它的內材會吸入人體蒸發的汗水、口水，以及剝落皮屑、油漬，日積月累，容易孳生黴菌及蟎蟲，引發過敏及呼吸道疾病；此外，枕頭用久了，變形、變硬，支撐力會越來越差，根據統計，天然橡樹乳汁製成的乳膠枕、科技人造泡棉製成的記憶枕，平均可使用3～5年、羽絨枕約2～3年、人造纖維枕則約3個月即需汰換。

枕頭的清洗頻率

　　有些人具備枕頭、枕套要常洗的觀念，這是正確無誤的，因為我們的頭髮都會藏匿汙垢，而通常女性在睡前也會擦上保養品，入眠後翻身、磨蹭到枕頭，都會將其沾上去，原則上3天洗一次最為標準，否則至少1個星期要洗一次。

Smart!
收納偷吃步

曬過的枕頭需要散散熱

剛剛洗淨、曬乾的枕頭不宜馬上收進櫥櫃！枕頭內含有熱氣，對健康有不良影響，最好先收進屋內攤平，等待熱氣散發後再收納。

以防塵套來收納枕頭

　　不論是哪一種材質的枕頭，均可收納於布袋中，但不要過分的擠壓，並放置在通風良好的櫥櫃。記憶枕、人造纖維枕也可以利用

一般的塑膠袋收納，但避免用真空包裝的收納套，因為這樣會破壞枕頭的回彈力，反而減少它的壽命；羽絨枕、乳膠枕則由於是動物纖維製成，內含油脂，建議收納時要用布袋，若用塑膠袋收納會因不透氣而讓枕頭產生怪味道。

枕頭收納的地點，盡量選擇在衣櫥最上方的夾層，不要擺放在地板或床底下，這些地方都容易會有濕氣進入。

以真空壓縮的方式收納寢具雖然可以節省空間，不過，大多數的寢具業者並不建議消費者採取這種方式。任何質材的枕頭或寢具，最怕的就是被擠爛，只要經過一段時間的施壓之後，枕頭不僅會呈現倒塌的情況，蓬鬆度和保暖度也會大打折扣。

Smart!
收納偷吃步

定期檢查壓縮袋

利用壓縮袋收納寢具，每6個月或是1年，就要將寢具取出、除濕，再重新壓縮處理，因為壓縮袋也有「壓縮期限」。

想要讓枕頭長久維持在其最良好的狀態，採購時原有的塑膠材質包裝套就是最好用的收納用品。

使用防塵套之前，記得先將夾鍊用乾布徹底擦乾淨，以免因沾染灰塵而影響密合度；壓縮後，不要摺到袋子的拉鍊處，直接平放收納，以免空氣進入袋中，影響真空效果。此外不要在壓縮袋內放置樟腦丸或除濕片，以免造成袋中床單染色或變質。

▲ 寢具罩上塑膠套子隔絕灰塵

要說衣櫃是臥房中最難收納的區域，相信90％的人都會猛點頭，衣服算是寢室裡待整理物件的大宗，還有一些化妝品、保養品、配件等個人物品，每個人的穿脫習慣、化妝地點、服裝數量都不盡相同，所以在做收納規劃時，首先必須考量到在臥室活動的動線安排，來決定主床及床頭櫃、衣櫃、掛衣架、抽屜、斗櫃、化妝台、甚至書桌的相對位置。

可不是把衣物、飾品、皮件包包全數亂塞進去衣櫥中，把門「碰」的一聲關起來就了事。如果沒有做好更詳細的衣櫃內部收納計畫，光是要找到一件今天想穿的洋裝或上衣，或許就害你錯過公車、超過上班打卡時間。

居家用品店常販售各種款式的收納籃、塑膠箱、分類盒，面對這類能幫助整頓衣櫥的商品，該如何挑選，才能真正解決你的收納難題？有時候，受到樣品臥室的情境吸引，興沖沖地買回收納盒，一試之下才發現尺寸不合、風格不搭，結果根本不適用。

消費者必須事先想清楚，是什麼物件讓你不知如何收納？家中有哪些閒置角落？能不能壓縮那些雜物的體積？如果能在出門採購前，預先模擬一遍，到了賣場才能準確地尋獲實用的道具。

除此之外，以小康家庭為例，臥室裡能擺放物件的地方有限，以「漸進退縮」的方式配置櫥櫃，下層櫃子選用較寬或深度較大的設計，愈高的部份高度要愈淺，這樣有助於視線上的舒緩，能減低家具對人體的壓迫感，不會在潛意識裡造成居住者的精神緊張。

Smart! 收納偷吃步

可調整式衣櫃隔板

在房間著實不夠大的情形下，為了因應各時期收納需求，最好能隨時調整層板間隔，以求最良好的櫥櫃空間利用。

吊掛的衣物
由短到長的階梯式掛法，凌亂度驟減

這是不是你的日常寫照：衣櫃一打開就有瀑布流出來，要出門就會在衣櫃前面花上10分鐘東翻西找，曾經摺疊好的上衣、褲子、襪子通通被翻得凌亂，並且越疊越高，找衣服的困難度也日與俱增！

👔 吊掛就可以騰出空間！

為了節省尋找衣物的時間，收納專家建議櫥櫃需區分出吊掛區＆抽屜區，大型的厚外套、經常穿著的牛仔褲、高級絲綢洋裝、不耐摺的西裝，都適合直接懸吊起來，如此便可以大大減少抽屜區的使用，以防層層堆疊，找尋衣物更快速。

此外，吊掛衣物也有小技巧，外套的部份主要依照「厚薄度」來擺放；同樣款式、風格的外套也會盡量掛在一起；洋裝部份則依照「季節」來懸掛；最重要的是，衣服一定要「由長到短」做排列，根據長短吊掛之後，很容易發現底部有剩餘的空間，只要搭配收納盒幫忙，就能發揮最大的收納效益。

▲ 衣櫥裡的吊掛方式

👔 衣架是櫥櫃收納的主角

吊掛衣物需要衣架，衣架為每個家庭日常生活必備物品，衣櫃中有10～30個都屬於正常範圍。以衣架做收納，不單單是較不容易

弄皺服裝，也能少摺幾件衣物，懶人聽了多麼開心哪！此外，打開櫥櫃門就呈現眼前的位置最容易收取，用來吊掛最常穿到的衣物最恰當，簡直是一舉多得。

Smart!
收納偷吃步

同一款衣架不凌亂

明明有把衣服吊掛整齊，為什麼覺得視覺上看來仍亂七八糟呢？可以嘗試把衣架的款式統一，整齊度增加，看起來順眼多了！

該如何正確吊掛衣服，以減少變型並且延長穿著壽命，是一個重要的保護衣物小訣竅。各式各色的衣架形式及用法你可都了解？以下分別介紹最常見的衣架種類：

一般的鐵製衣架細細長長，重量輕盈、不占空間，為家庭晾曬衣服最常使用，舉凡不怕撐、不怕衣架痕的棉質衣物皆適用。

襯衫較怕衣架壓痕，若粗魯對待也害怕肩線變形，建議使用防摩擦的木質衣架，選用厚度較薄者，吊掛完之後肩線依然立體。

外套通常較沉重，若使用一般的衣架，恐怕衣架被壓變形，承受不住重量，不如購買肩膀較寬的衣架類型，才能撐起厚厚的外套。

褲子、裙子的腰圍若比衣架窄，長期撐開來晾掛，容易導致腰部鬆，建議以附有夾子的衣架，或是裙褲專用的吊掛衣架。

這一種形狀特別的衣架，專為各種長條狀配件，例如：絲襪、領帶、皮帶……等等物件所設計，省空間、易穿脫。

▲ 衣架家族

雖然吊掛已經是能盡力維持衣物不受損的良方，但若將褲子長時間吊掛在衣架上，恐怕還是會壓出一條條的衣架壓痕，這時候可以取出廁所衛生紙中間用剩下的咖啡色紙捲筒，加裝在衣架條上，透過圓筒的緩衝，即使長期放置的衣褲，也不需再擔心醜陋的痕跡會導致無法穿出門。

防皺的圓形捲筒

家政女王の小道具

加裝圓筒防止留下衣架壓痕

👕 size不合的衣架自己動手折

隨著現在商品設計越來越推陳出新，多了很多各式各樣的衣架，有些人在挑選衣架時，僅僅關注其顏色、深淺、材質、形狀，只在乎它們上頭有什麼圖案？夠不夠卡哇伊？殊不知，並不是每件衣物都適合用同一種衣架，大小若不符合極容易把衣服給撐壞，在挑選衣架的種種條件中，size仍然是首先必須考慮到的重點。

育有小嬰兒、幼童，或者是養狗狗、貓貓等小寵物的家庭，通常會有尺寸偏小的衣物，如果用一般大人的衣架去吊掛，恐怕會導致衣服變形，穿起來難看，淘汰率增加，都造成背上不惜物罪名的後果。為了愛惜衣物，而添購小型衣架，隨著小孩快速的長大，再也派不上用場，又有浪費資源的隱憂。

其實，遇上這樣的小型衣物，只要拿個普通尺寸的一般衣架，自行DIY，將它折成堪用的大小，問題便可以迎刃而解，以下是專家提供的示範步驟：

▲ 將衣架折小好掛孩童衣、寵物衣

👕 冰雪聰明！交叉衣物收納術

各路收納專家在談及整理衣物時，一定都會再三強調「交叉式」的收納方式。究竟「交叉收納」有什麼強大的驚人效果，使得大家一推再推呢？

交叉吊掛法

以吊掛褲子做為例子，如果每一條褲子都是用衣架夾住褲頭處，並且放入衣櫥，那麼褲頭的厚度馬上就會占滿衣櫃上方的空間，然而下方卻是空空的，這時候無法再置入更多的褲子，導致了空間上的浪費。其實，只要稍微調整，將一半的褲子改成夾住褲腳處，那麼你會發現，瞬間多出了1/3～1/2的衣櫥空間，可以再擺放更多的物件，實在是很神奇的事情！

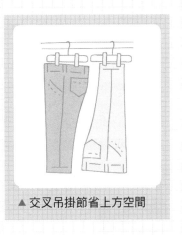

▲ 交叉吊掛節省上方空間

交叉摺疊法

又比方說褲子的摺疊，最厚的褲頭部分如果接朝向同一方向，才開始堆疊立刻就高起來，甚至是造成傾斜，若是擺放不穩，一整疊的褲子就這樣倒塌，讓你越收拾心裡越火大！

此時，採用交叉放置的方式做收納，疊放順序不僅有利於再多疊個幾件，最上方也會呈現水平，讓它們在衣櫃中安安穩穩，除非是遇上強震，否則屹立不搖晃！

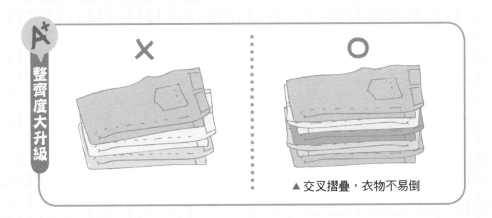

▲ 交叉摺疊，衣物不易倒

整齊度大升級

易開罐拉環掛衣妙招

喝可樂或是開罐頭的時候，拔起來的拉環，通常都會被當成垃圾，立即丟進垃圾桶，那可真是徹底忽視了它的妙用！讓達人來告訴你，易開罐的拉環不要丟，它可以拿來串接衣架、當作衣架與衣架之間的掛勾，拉環套在衣架上成為衣架掛環，增加衣服收納的空間，變成超省空間的「拉環收納術」！

易開罐拉環

家政女王の
小道具

用拉環可以多吊一件衣服

易開罐打開後，拉環通常還會連在上面，只要輕輕前後搖動幾下，就能輕易取下，驚訝於它隱藏的超棒功能時，達人也提醒我們，取下後的連接處會較利，如果處理不好就放進衣櫥內，唯恐在急於翻找衣物時手被刮傷、破皮流血，記得在取下之後先用鉗子夾平，或用砂紙稍微磨平，危險物件立刻大變身，成為收納衣服的小小好幫手！

模範衣櫃瞧一瞧

衣櫃內可以利用層板，劃分開來成為2~3個區塊，以拼圖式的組合去思考，善用每個空間的長、寬、深度，可以發揮的收納技巧，實際上非常多。

不同的臥房裡，衣櫃可大可小，有深有淺，如何配置其中的物件，沒有唯一的正確答案，讀者吸收了基礎的收納概念之後，還需視自身擁有的櫃體，做最妥善的規劃。本篇的「模範衣櫃」以台北租屋者最常遇上的「中小型雙門櫥櫃」為示範，收納摺疊衣物、外套大衣、包包、棉被、電風扇、旅行箱、吸塵器等等小資年輕人常備物品，融合了「長短排列」、「重者在下」、「換季用具在

上」、「分格道具多多利用」等等收納原則，讓我們瞧瞧該如何做衣櫃收納。

　　依長短吊掛服飾，短衣物底下就能釋出空間放置各種收納盒、收納箱、藤編籃，當然，籃子和箱子內，還能再次利用塑膠分類盒收納小型物件，不放過任何一處空位；而在衣櫃上方、後方，都還有地方可以放季節家電或是少用物品，例如電風扇、旅行箱等等，如此一來，就能更有效地運用衣櫥內的所有空間。

季節性物件可收納在最頂層

非當季棉被捲成壽司狀收納

分隔收納盒最適合收納常穿摺疊衣物

階梯式排列吊掛的衣服

下方空間可收納吸塵器、旅行箱等少用重物

▲ 衣櫃的收納原則

摺疊的衣物
不馬虎的摺法，延長衣物的壽命

衣櫥

平均分配衣櫥裡吊掛區＆抽屜區的容納量，除了材質高級、易生皺紋、特別厚重之服裝，以吊掛起來為佳，其餘比較耐摺的衣服便採用摺疊收藏，發揮衣櫃抽屜的功能。

快打開自己的衣櫃看一眼，內部是否亂到可堪比垃圾小山？衣服都塞得皺巴巴彷彿菜乾？即使全部的衣服都摺疊好，仍無法一眼找到要穿的衣物？如果你符合以上這些症狀，只表示一件事：你的摺衣技巧仍有進步空間！

一股腦地把抽屜裡的衣物倒出來

請從衣櫥裡挖出所有的個人衣物，一件也不要漏掉地堆放在同個地方，並且認真的思索清楚，眼前是否就是你的所有衣服？是否已經集中了屬於你的全部服裝？還是仍然有幾件遺留在其它角落、其它房間裡？

接下來，建議從過季的衣物開始做淘汰，一件一件拿在胸前，捫心自問：「下一季來臨的時候，我還會想穿著它出門嗎？」如果答案是否定的，那麼就把它放到舊衣回收區，避免有「好像穿不到，但是不一定哪天穿的到……」的自我安慰念頭，除非是相當肯定會再選穿，否則就對舊衣心懷感激，與它道別，默默期許衣物能遇到更頻繁穿著它的主人。

而當季的衣物也比照辦理，計算一下「最近我選穿的次數有多到值得留下它嗎？」讓心裡的答案決定它的去留。

此外，下半身的單品，例如牛仔褲、綿長裙……等等，通常不具有季節性，因此可以一次做整頓，將它們集中起來，根據顏色深淺做分類，審視自己是否「深色的長褲太多了」或是「白色的短褲就有三件」，馬上就可以標示出那些更應該捐出或送出的物件。

換季時的羽絨外套怎麼處理？

為了抵禦冬季的寒冷，羽絨外套幾乎是人人有一件，羽絨衣在清洗前，要先確認洗滌標示是否可用水洗，建議浸泡5～10分鐘，再以洗衣精噴灑特別髒污處，稍加刷洗衣領、袖口汗漬殘留；若選擇用洗衣機洗羽絨外套，可丟入洗衣球增加磨擦，以最弱速清洗及脫水，勿使用漂白水或柔軟劑。

脫水後的羽絨外套，如果內容物有結塊，可用手輕輕把羽毛弄蓬鬆，再將外套大力抖動，接下來吊起、曬乾，避免太陽直射。

另一個清潔羽絨外套的選項為乾洗，乾洗取回家之後，需先將外面的袋子拆掉，放在通風處讓化學藥劑揮發掉，不宜直接收入櫃子，否則若藥劑有殘留，隔年羽絨衣上可能出現一塊塊的黃斑。

**Smart!
收納偷吃步**

羽絨外套也可以捲起來收放
擔心羽絨外套吊掛在衣架浪費空間，可把它捲起放入收納袋中，就像小睡袋一樣，但千萬不要強力擠壓，不然會破壞外套的結構纖維。

衣物摺疊法全制霸

挑選出想要留下的衣物之後，就是收納時間了，收納衣服達人整理了一系列最迅速、最省空位的摺衣教學，詳細分解，照著步驟一步步完成，讓衣櫃不再呈現可憐兮兮的爆炸狀態！

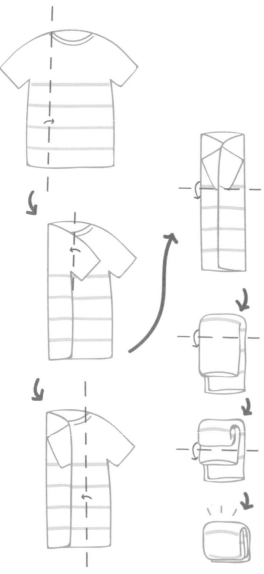

T恤這樣摺 不NG

① 以領口為摺線，想像2條虛擬線。

② 沿著線，將其中一邊往內摺好。

③ 多出來的袖口部分，再對齊線往內摺。

④ 另一邊也比照辦理，然後再對摺。

⑤ 將衣服劃分3等份，從摺線下摺。

⑥ 再摺1次。

⑦ 最後變成如蛋捲般的長方體。

衣櫥

長袖這樣摺 不NG

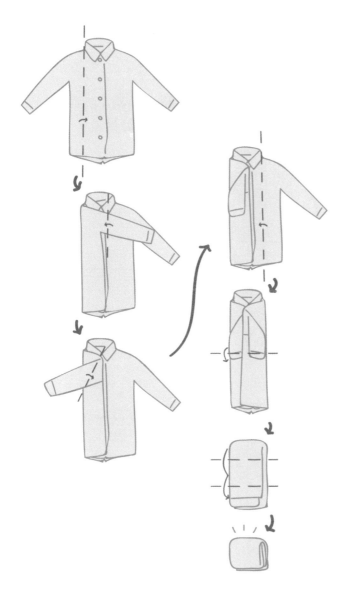

❶ 以2邊領子為摺線，畫虛擬線。

❷ 沿線將其中一邊長袖往內摺。

❸ 超出衣身的袖子往下摺好。

❹ 另一邊以同樣的方式如此摺。

❺ 將衣身對摺。

❻ 分成3等份，向下摺2次。

❼ 便成為可以自行站好的長方形。

帽T這樣摺 不NG

❶ 先將連帽T給攤平
之後放好。

❷ 參考帽子的寬度，
想像2摺線。

❸ 其中一邊向內摺，
且袖子往下摺。

❹ 另外一邊也摺好。

❺ 壓平重點的帽子後
往內摺下。

❻ 三等份帽T之後，
往下摺2次即可。

洋裝這樣摺 不NG

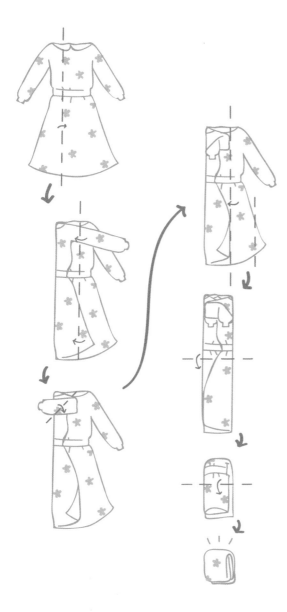

❶ 從洋裝領口往下想像
2條虛擬線。

❷ 沿著虛擬線摺進洋裝
其中半邊。

❸ 多出來的袖子與裙襬
往內摺。

❹ 若袖子仍有超出則再
一次往下摺。

❺ 另一半身以同樣方式
摺好。

❻ 依據裙身長短摺成正
方形。

衣櫥

短褲這樣摺 不NG

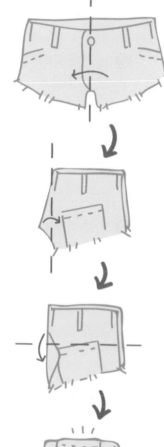

① 首先，沿著石門水庫，將褲子對摺。

② 將褲子對摺之後凸出來的三角部分摺進來。

③ 接著再往下對摺。

④ 最終會呈現方形體。

060

長褲這樣摺 不NG

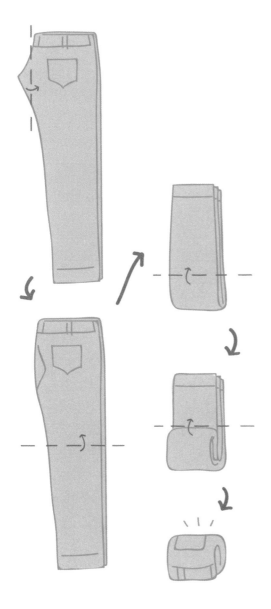

① 將長褲的2個褲管給對摺重疊。

② 凸出的臀部部分，三角部分往內摺。

③ 將褲頭與褲腳稍微錯開，對摺起來。

④ 從褲子的1/3處往上摺個幾次。

⑤ 摺最後1次到褲頭，呈現圓捲狀。

裙子這樣摺 不NG

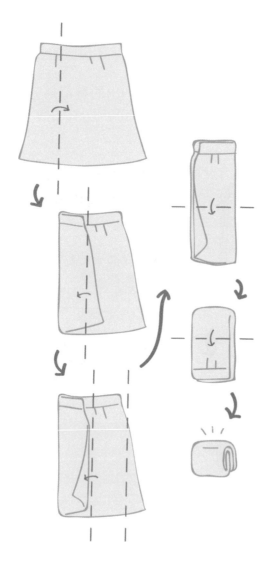

❶ 裙子攤平後，腰部則
分成3等分。

❷ 延著左邊的摺線摺入
裙身。

❸ 超過摺線的裙襬處再
一次向內摺。

❹ 另一邊的裙身也一樣
比照辦理。

❺ 對摺之後再對摺，並
且調整高度。

❻ 最後再將一整件裙子
捲一捲成長方體。

衣櫥

收納箱材質有學問

之前有網友留言詢問收納專家，為什麼認真地使用了許多收納箱，家裡還是一樣亂糟糟的。這種情況已屢見不鮮，其實最主要的原因是，大家挑選了太多款式的儲物箱，材質百百種，顏色更加地五彩繽紛，東西是收了，視覺上看起來卻顯得更複雜，所以專家忍不住呼籲：收納道具「在精不在多」！

然而，市面上這麼多可供選擇的收納盒、儲物籃，光只是面對它們就有挑選障礙，到底要從何選起才萬無一失呢？接著就與大家分享收納箱的挑選：

布質收納箱

布質收納藍有各種豐富的圖案設計，民眾常常在少女心大發之下就挑了好幾個帶回家，外加價格相對便宜、重量輕盈，很容易成為市場上的寵兒；不過它也有小小的缺點，例如材質不防水，因此較少拿來擺放需要長期儲存的衣物。

塑膠收納箱

塑膠製的儲物箱，優勢為較為堅固、不易弄髒；另外，若是透明塑膠外殼，可以一眼就看到盒子內所收藏的物品，當必須迅速找到需求物時，能夠幫你節省時間。雖然塑膠亦有不透氣的缺憾，但是方便清潔、擦拭，仍然是許多家庭購買收納箱的首選。

紙箱收納箱

市售方便組裝與壓平收納的紙箱，其設計感極佳，是很多人的最愛；較讓人在購買前猶豫不決的特點是紙質不耐重、結構易變形，因此承載物受到侷限，以不會導致紙箱超重而爛掉的物件為主。

木質收納箱

　　木頭做成的收納盒，價格上會比其他材質來的貴，然而，一分錢一分貨，木頭的優點便在於其不怕濕氣，甚至好一點的木材還附加防蟲的效果。此外，不易毀壞的木質，經的起堆疊，視覺觀感上也相當討喜。

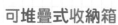

Smart!
收納偷吃步

多格收納盒

收納箱不僅是只有1格的選擇，還有2格設計、3格設計、9格設計、12格設計……有隔層的分類盒，是種小投資就能創造大效果的好工具。

可堆疊式收納箱

　　現在各大賣場都有出產專門用來堆疊在一起的收納盒，附有蓋子的這種儲物箱，不僅具有防塵之用，堆疊起來可節省不少地板空間。

衣櫃不可或缺的收納籃

　　每一戶人家的衣櫥結構、收納條件不盡相同，有的櫃子本身設計上無太多夾層，很容易在堆放東西的過程中，忽略到上方、下方、後方空間的可利用性，這類家具就極需住戶動動腦筋，自行購買收納箱、儲物籃、透明盒子……等等居家收納小物件，來為櫥櫃的空間規劃做加分。

　　除了以填空式的方法，規劃每一區塊的收納籃尺寸，盡量統一籃子的規格、顏色、款式，是讓衣櫃整體看起來更加整齊的關鍵，衣物本身已經形形色

▲ 用大籃子將衣服分成多區

色，若收納籃還參差不齊，難怪會在經過一番收納奮戰後，還是覺得櫥櫃實在好不整齊，那就失去了做收納的意義。

直立收納衣物為上策

大部分的人在收納摺疊好的衣物時，會習慣採用一層層疊上去的方式，雖然容易收納，剛擺放好乍看也很整齊，收納者卻渾然不知，這正是埋下日後抽取衣服，將抽屜搞得一團糟的雜亂因子。

「直立是收納的基本大原則。」整理專家建議，不管哪種衣服摺法，其追求的最終成果都是「變成一個簡單的長方形」，第一個步驟將衣身（袖子和領子之外的部分）往內摺疊成一個縱向的長方形，剩下的便配合抽屜高度做調整，摺成2～6折都好，多多嘗試幾次，亦可以使用長方形墊板、長方形紙片作為輔助，一直到摺出直立而不倒塌的長方體為止。

▲ 橫向堆疊翻找衣服不易，直立擺放為佳

直立收納，將服裝擺入衣櫃裡，可以輕易地看到每一件衣服，取出和放回時，既節省時間，也不會連帶影響到旁邊的衣服造成凌亂，維持抽屜的整齊就不再是一項困難的任務。

拍立得是標示箱內物的好幫手

透明的收納箱，雖然方便主人快速發現物件，以機能性來說是無可挑剔，不過，如果你是重視美觀勝過一切的屋主，也許更希望對箱中物眼不見為淨，那麼收納專家建議你選購不透明、有顏色、霧面材質的箱子，它們堆疊起來像整齊的士兵，滿足了你對於空間不雜亂的要求。

只不過，這時候相對地出現了其他困擾，那就是你必須牢牢記住每一個箱子內的東西，以免找不著物品；但是箱子何其多，難免會有記不得的時候，有的收納盒放在高處，為了找一項東西，還要爬上來、爬下去，既麻煩又有危險性；當你急需某樣物件，卻翻箱倒櫃想不起它在哪，那是多麼讓人惱火的情境啊！

因此，使用非透明的收納道具，就必須搭配標示，不管是「自製名牌」也好，「印製貼紙」也可以，在箱子外面黏貼上標籤，做好分類管理，如此一來收納效率才會高，物品才是真正達到「收得好」的成績喔！

另外，收納專家建議我們，如果時間夠充裕，不光寫字，還可以加上手繪圖示，醫學上曾經證實過，人眼對於圖案的辨識度遠遠高於文字，如果只寫上「帽子」、「雨傘」、「運動用品」……等等字樣，看標籤時仍然要擔心眼睛越看越花，還出現視覺疲乏、鬼遮眼的窘況，不如各自搭配上一個「帽子圖」、「雨天圖」、「棒球手套圖」，那麼，在尋覓物件時，絕對讓你的速度快上一倍！

倘若你實在是很懶惰，覺得一一替每個收納箱寫上名字、畫出圖片，實在是太浪費時間了！你只想快速完成收納，去沙發上躺著休息、享受周末悠閒時光，那麼專家也提供了一個超適合懶骨頭的「拍立得標示法」。疾速完成標籤工作！

拍立得標籤

家政女王の小道具

用拍立得快速標示出每一個箱子內的物件

只要以拍立得拍出各個箱子內代表性的物件，例如：「滑雪用具」的代表道具為「雪橇」、「寵物玩具」的代表物品為「狗骨頭」……等，喀擦一下，僅僅花費幾秒鐘的時間，最後再貼上收納箱，不僅快速也聰明的標籤工作便大功告成了！

衣櫃的防潮對策

梅雨季來襲，在潮濕的季節中打開衣服櫃子時，總是有一股濃濃的霉臭味撲鼻而來嗎？

▲ 衣櫥中最好放置防潮盒

櫃子壁、服裝上亦出現一點一點黑色斑點，讓人感到噁心之餘，也好生心疼！日本家事達人指出，累積在櫥櫃裡面的濕氣，就是散發臭味及促使發霉的元凶。以下就教導讀者們各大防潮除溼的對策：

1. 除濕劑、防潮盒要擺在低處

已經在櫃子中擺放了防潮盒，濕氣卻還是一天比一天重？達人表示，任何防潮的商品皆應該擺在櫥櫃下層！

這是因為，水氣比空氣重，因此會往低處流動，累積在最低下處，例如衣櫃的最底層、靠近地板的地方。

Smart!
收納偷吃步　　**鋪放報紙吸水氣**

衣櫥的下層最容易有除濕困難的情形，水氣狂累積，嚴重時摸過去都可以感覺到濕濕的，在這些夾層鋪上報紙，可以加強水分吸收。

2. 保持通風，讓空氣流通帶走濕氣

值得注意的是，放了除濕盒，不代表一勞永逸，確保櫃子內外的空氣流通順暢，才是防止衣物發霉受損的最大關鍵點。所以，不要習慣把衣櫃塞得滿滿的，也別把衣櫃門徹底關死，稍微打開一點點空隙，讓櫥子有「呼吸空間」，再定期用電風扇吹吹它，加速了空氣對流，潮濕度就會減少。

3. 以衣服的素材決定收納位置

綿質或羊毛等天然素材製成的衣物，多多少少都含有一定程度的水分，當他們被掛起來時，濕氣仍然會滯留在衣服與衣服之間，久久無法散去，因此需使用吊掛式的除濕袋來維繫乾燥。

此外，達人建議，換季時整理衣物，可以把抗濕性較佳的人造纖維、棉麻製品放在最下層，而絲、羊毛、羊絨衣物等不耐濕氣的服裝則避免置於過低處。

還有那些真皮的衣物亦需特別注意，請勿摺疊堆放，否則將會聚集濕氣，導致皮革剝落，除了避免放在最潮濕的衣櫃下方之外，用衣架掛起來也更為恰當。

4. 衣物穿過之後不要立即入櫃

有些材質的衣服不需常常清洗，例如：牛仔褲、羽絨衣、皮革外套等，你也許覺得沒有弄髒，改天還會常常穿到，就索性直接把它吊掛入衣櫃了嗎？

你的不智之舉已經把濕氣與臭味都帶進衣櫃了，甚至連其他的衣服也會跟著沾染上味道。接觸過皮膚、穿出門過的服裝，都應該要用衣架掛起來，放置在櫥櫃外頭至少一個夜晚，等待濕氣消散，才能夠收起來。

5. 防蟲劑放在衣服上方

濕氣與臭氣，它們的重量都比一般空氣來的重，所以除濕盒、消臭劑都建議放在櫃子下方處。

反之，由於防蟲劑的成分也比空氣重，因此與其它物件相反，它必須放在櫥櫃的上方處，讓除蟲成分慢慢往下漂散掉落，藥效才能夠充分地揮發到整個衣櫃中。

▲ 防蟲袋要放在衣物上；而除溼袋要放在衣物下

6. 除濕工具DIY

如果深怕化學藥品對人體健康有危害，小蘇打粉、粉筆、竹炭、咖啡渣、乾茶葉……等等各種材料，具有極佳的吸濕性，可以吸取空氣中的水分，都很適合自製成天然的防潮用品。

只要將它們裝在網狀小布袋、不封蓋的瓶子，或是淘汰的舊襪子中，不花一毛錢，現成的除濕小物靠自己也可以製作，超級環保且物盡其用！

少穿的衣物
放入衣櫃深處的「留校察看區」

每當換季時間一到，最麻煩的就是要將不同季節的衣服位置調換，看著爆炸的衣櫥，總不免頭昏眼花，甚至有一股衝動要把全部的衣服都拿去扔掉，不過這麼做就太傻氣了！我們必須搞清楚自己有什麼衣物？多久穿一次？要收哪裡最合適？如何才不佔空間？從今天起嚴防衣服再堆成山丘、看在眼裡阿雜不已，這才是一個治標也治本的好主意。

以捐贈代替丟棄

整理服裝的時候，把它們細分為「保留」、「丟棄」之外，可以從「丟棄」裡面再選出要「捐贈」的物件，有些即將被淘汰的衣物品質其實仍然不錯，只是基於其他理由，例如：個人穿衣風格改變、體型轉換後不能再穿了……等特殊情況必須受到拋棄，那不如捐獻出去給有衣物需要的人吧！整頓房間還可以兼做善事！

較不常穿到衣服的緩衝期

衣櫃中總是會有幾件穿搭頻率較低，不過偶而還是會穿到的服裝，比起愛衣地位穩固、絕對要留下的部分，以及丟棄了也不痛不癢的確認淘汰區，最讓整理者頭疼的就是這些處在灰色地帶，留也矛盾、丟也矛盾的衣服了。

大掃除的時候，最困擾人的就是這種處境，不知道甚麼該丟、甚麼該留，既然三番四次的考慮後，望衣興嘆，還是得不到一個結

論，那麼不如適時放它們一馬，設定「留校察看」的緩衝期，緩衝期間的長度則視個人購買新衣的速率而定，新衣入手的快，期限就定短一點，反之就給自己稍微寬鬆的時間。然而專家建議不要超過1年，若是超過1年，不免讓人開始質疑它繼續被審核的必要性。

為了暫時安放這些使人糾結的衣物，你可以在自己的衣櫃內規劃一個「留校察看區」，而這塊區域以不影響日常找衣服動線為主；學習收納是為了讓所有物品都能充分被利用，所以任何東西的收納都應以「容易取出，輕鬆放回」為原則去整理，「視線平行的空間」如衣櫃門一打開就可見到的吊掛區，是放置常穿服裝的最佳區域，而視線的上方或上方，則是執行「留校審視」最好的位置，其中還可根據重量決定擺放的地方，重的放下層，輕的放上層。

衣服發霉怎麼辦？

留校察看區的衣服不常換穿，擱置數月未透氣，衣服很容易會發霉，這時你可以：

1. 以洗衣精刷洗發霉處之後，置於滾水中煮沸，正常晾乾即可。
2. 在陽光下曝曬一陣子，再用刷子刷除霉，最後丟進洗衣機。
3. 將發霉衣物浸泡在漂白水中，將霉淡化，再以冷水洗淨。
4. 亦可以稀釋的白醋浸泡衣物發霉處之後，再用清水沖洗。

Smart!
收納偷吃步

如何去除長年油污

用牛油或人造牛油塗在留了很久的油污上面，閒置約莫30分鐘之後，再用清潔劑刷洗乾淨，無論是多久的油污都能順利去除喔！

胸罩、內褲、襪子
如夜市擺攤般一目了然

除了外套、外衣、外褲等較大型的服裝之外，別忘了還有小型的衣物：胸罩、內褲、襪子，它們的收納法，也是不少家政白癡們心目中的大難題。

小衣物的抽屜收納準則

內衣褲是女性穿著非常重要的一環，攸關舒適與否，收納時，若是與其他衣物丟放在一塊，拉拉扯扯中，容易變形或鋼圈外露，造成穿著上不貼身，不可不注意！

收納小型衣物時，只要掌握住幾個簡單的要點，就能長久保持它們專屬的抽屜整潔不崩壞：

1. 抽屜只放一層

擺放小型衣物的抽屜，盡量分配在淺一些的夾層中。因為收納不只是把它們整齊收好就足夠，如果不好拿取，就會前功盡棄！收納小型服裝以一層為原則，並且直立起來放，避開為了要拿下面的衣服而弄亂上層的糟糕後果！

2. 襪子不要包成一球球

許多家庭主婦會將襪子以球狀收拾，自詡為收納專家，實際上，這樣襪子容易彈性疲乏而鬆掉，還是以摺疊的方式處理洗好的襪子，除了延長使用壽命，也比較整齊不占空間。

3. 摺得越扁平、表面積越一致為佳

摺疊小型內衣褲或襪子的過程中，可以輕輕地用手擠壓、撫平它們，帶出導致衣物不整的空氣；摺得整齊、收得乾淨，不僅空間會變得比較寬敞，看在主人的眼裡也會順眼許多喔！

馴服你的貼身內衣褲

由於貼身內衣褲的體積偏小，數量又繁多，姐姐妹妹們在整理衣櫥時，常常必須面臨到內衣、內褲、襪子四處散亂、不易收納的關卡，甚至總是會為了拿一件內褲，而發生好不容易收整齊卻又被打回亂象的慘狀，這時候就利用捲收的方法來對付小型內衣褲吧！摺好之後，完全不用擔心散開或凌亂的問題！

所謂的「捲收」，就是將內衣褲摺疊過後，捲成壽司的形狀，最後再整件套進胸下圍或是腰部的鬆緊帶中，利用鬆緊帶的束口，將其餘的布料收在其中，成為一個一個圓球之後，就不易與其他衣物混在一起，當然，若是在衣櫃的配置上，可以把內衣褲與一般衣物分開放，給予內衣褲專屬的位置，那麼是再好不過。

保持蕾絲美麗的花紋

女孩的內衣褲，經常出現蕾絲款式，或是一般的外衣也會出現蕾絲滾邊，要怎麼洗，才能預防蕾絲不損壞變醜呢？

1. 清洗有蕾絲的衣物，需放到洗衣袋才丟進洗衣機做清洗。
2. 不要用太強烈的洗劑，也不要用過度強力的水流。
3. 以中性洗衣精搭配弱水流慢慢洗。
4. 曬乾後的蕾絲衣物，再以低溫將花邊燙平，還原本來樣貌。
5. 切忌用濃縮洗衣精或漂白水來清洗，會傷害蕾絲纖維。

胸罩這樣摺 不NG

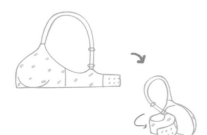

① 從胸罩中間摺一半，使罩杯重疊。

② 將肩帶及鉤子處皆放進罩杯內。

① 將內褲攤平後，縱向摺3摺。

② 往下對摺。

③ 接著滾動內褲將其捲起來。

女性內褲這樣摺 不NG

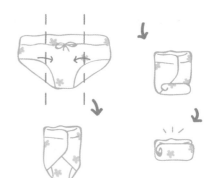

男性內褲這樣摺 不NG

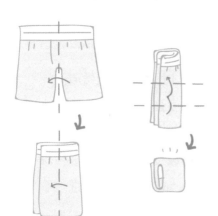

① 將四角褲縱向對摺。

② 再一次縱向對摺。

③ 往上摺2或3摺呈現長方體。

🧺 小格子內衣褲收納盒

　　將捲好的內衣收入抽屜時，胸罩最好採用直式收納，方便取出。

　　內衣與女生在意的胸型息息相關，因此需保留空間不要讓它互相擠壓，以免鋼圈扭曲，也可以在內衣褲專屬抽屜放入香氛包，例如浪漫茉莉香氣、活力香橙甜味，讓心愛的貼身衣褲飄散讓人心情愉悅的味道。

　　另外，收納達人在這裡推薦一款非常適合收納小型物件的「內衣褲收納盒」，我們在逛夜市時，常常看到攤販上出現此種收納盒，將內衣褲整齊排列，方便客人挑出喜愛的花紋；這種小格盒子專為內衣褲整理而設計，多為布製，收納盒是布料的話，就不用擔心盒內的貼身衣褲會受到損壞，從9×9、12×12、20×20……市面上有不同格數的商品，可以依照自家衣櫥的夾層寬度、貼身物件多寡下去做選擇，是貼心女性朋友們的收納好物。

內衣褲展示盒

家政女王の小道具

內衣褲分裝在小格子裡面

　　一件件將內衣、內褲擺放進去格子中時，建議按照顏色順序排列，如果有相同花色的就將花紋朝上，將胸罩與小褲褲成套收納，一格空間放一套的內衣褲，更容易識別。

　　另外達人也建議：淺色系的內衣褲可以放進深色收納盒，顏色偏深的內衣褲則放入淺色收納盒，在色澤對比之下，尋找貼身衣物才不會兩眼霧茫茫，不方便取用。

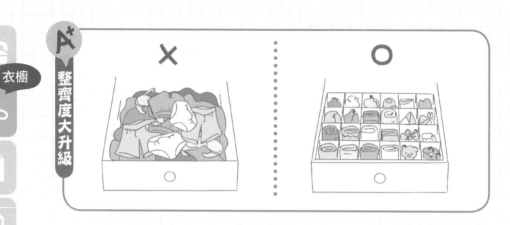

🧦 搞定長長短短的襪子

襪子有分為長筒襪、中筒襪、短襪，憑厚度也有厚的襪子、薄的襪子，小時候媽媽可能都是教我們將襪子隨隨便便揉一揉，全部套入腳踝的鬆緊部分。

然而，自從「隱形襪」和「船型襪」問世了之後，這種摺法就不再好用了，因為這兩款襪子的開口大、襪身小，捲好包起來也容易再掉出，此外，過度粗暴地對待鬆緊環，不小心便會將其拉鬆，導致襪子才穿一陣子就變得鬆鬆垮垮的，給人一種窮酸的感覺。

襪子到底要怎麼摺才方便收納呢？老實說這沒有標準答案。若想延續長輩的方式，交給鬆緊環搞定，也未嘗不可，只是注意需先將襪子摺疊好，再輕輕地以鬆緊環套上，而不是硬拉、硬撐的，以防止造成襪子穿沒幾次就英年早逝。

此外，別忘了各路達人都一推再推的「小格子收納盒」，它不是僅僅有裝胸罩、內褲一個用途而已，擺放襪子也相當地絕配唷！若是分格收納襪子，基本上便能省去摺疊襪子的步驟，直接將成對的襪子分配入不同的小格中，要穿時直接拿一雙出來，就連懶人都可以將襪子整頓的超棒！

襪子這樣摺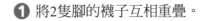

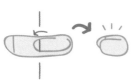

❶ 將2隻腳的襪子互相重疊。

❷ 往上捲起至鬆緊帶處，套入鬆緊帶。

短襪：方式同一般襪子。

長襪：重疊後先對摺，再往上捲起
　　　包裹。

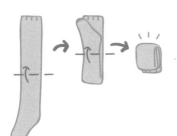

褲襪這樣摺

❶ 重疊雙腿之後對摺。

❷ 從腳尖處往腰部，分成3等
　分對摺2次。

❸ 接下來滾動捲起，把整雙包
　進鬆緊帶。

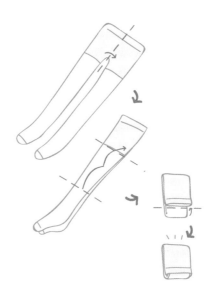

圍巾、絲襪、皮帶、領帶、帽子

懸吊收藏，讓瑣碎配件好拿取

　　天氣微涼之際，畏寒的少女會在頸間圍上一條圍巾；日頭赤炎炎之時，男孩們會戴上可以遮陽的球帽再出門；無論是擋風避雨，或是美白防曬，每個人都會有幾樣心愛的小配件，平時也可以作為畫龍點睛的穿衣搭配。

為何不摺入抽屜？

　　軟綿綿的絲巾、圍巾，捲起收放也不會變形，若主人願意溫柔地將它們摺疊起來，與衣服一同放置在抽屜裡，倒也不失為良好的收納環境。然而，人生中總有匆匆忙忙的時刻，要是一時情急之下去取用配件，勾到絲襪、拉扯到圍巾……就會造成破洞、毛球、變形、蓬鬆等等損壞，如果在拿取零碎配件時都必須戰戰兢兢、小心翼翼，耐心也有被磨光的一日。

　　另外，帽子的質料各異、形狀不統一，有些可能不適合凹摺，有些可能不方便重疊；再者，如果皮帶與手套為怕潮濕的材質，悶在抽屜久了也擔心會產生裂痕，再次穿戴時，說有多不雅觀就有多落漆！

Smart! 收納偷吃步

娃娃戴帽收納法

如果臥房裡有娃娃，可以挑選一頂最常戴的帽子，蓋在娃娃頭上，除了不會額外增加空間混亂，出門時也可以順手一取變戴上！

👕 懸掛小配件必備品項

　　既然不能隨隨便便地擺放，到底要怎麼收納，才能將這些瑣碎配件全部搞定呢？

　　為了讓零零碎碎的配件取下穿戴方便又快速，收納專家建議將它們通通吊起來，是最清晰可見的擺放方式，這時候就需要各種收納好物來幫助我們了，收納達人首推的幾項小商品如下：

1. 圈圈架

　　小圈圈魔術衣架、圍巾專用吊掛架、紙藤多用途收納架……它在市面上有各種不同的名稱，圈圈數也有少有多，共通點是它們都由一圈一圈接在一起構成，每一個圈圈，都可以吊放一項長型的物件。由於材質多為紙製成，用不著還可以摺疊收藏，不占空間。收納達人表示，比起使用一般的衣服架，掛上物品還會滑過來、滑過去，圈圈架能

小圈圈魔術衣架 ✂

家政女王の
小道具

小圈圈吊架最適合收納長型的物件

夠將所有物件一圈圈分開吊掛，並且清楚陳列，要用吊掛的方式收拾瑣碎的小配件，不能沒有它！

2. 曬衣夾

　　長型的圍巾、絲巾、絲襪、皮帶、領帶，固然可以一掛了事、收納沒煩惱，然而非長型的帽子、手套等等配件，掛上圈圈架後仍然容易掉落下來，如果需要不斷地撿拾落地的物品，那這

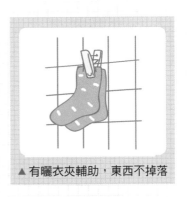

▲ 有曬衣夾輔助，東西不掉落

樣的收納法怎麼能稱得上是成功呢？要杜絕這種失敗的整理情形，我們需要曬衣夾幫幫忙，將圈圈的邊框與物件夾在一起，便可以確保其穩固不掉下來。

▲萬用S型勾勾

3. S型勾

　　與曬衣夾同理，S字型小勾子也是勾住配件、使其不掉落的萬用好產品，曬衣夾可以將物件固定於一處，而S型勾勾則保留了些許移動的空間，買家可以視自己的收納需求來做選擇。

勿忘衣櫃門

　　除了在衣櫥本身附帶的橫桿上吊掛物件，別忘了櫃門上的空間也可以好好活用；如果櫃子內部先天的空間較為狹窄有限，那麼可以將收納的範圍延伸至門上，利用市面上販售的無痕掛勾、無痕貼紙，自行安裝上收納圈圈架、收納鐵網、收納帶，可以擺放的物品數量立刻大增。

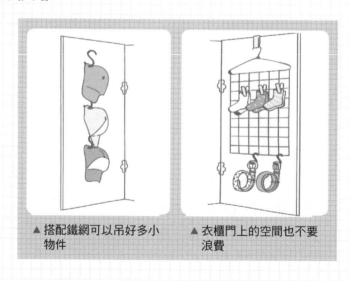

▲搭配鐵網可以吊好多小物件　　　　▲衣櫃門上的空間也不要浪費

包包
捧在手心疼，包包不受傷害

　　一提到收納包包這件事，真是完全大意不得！那些努力打拼之後買來犒賞自己的精品名牌包，動輒數萬、數十萬元以上，若是不當擠壓使得價格貶值，那可是會讓姊姊妹妹心疼抓狂的！

　　而即便是花小錢買來的包包，也都是經過精挑細選之後，獨具買主個人風格的隨身物品，弄壞、弄髒了也未必能再擁有一模一樣的，為了讓這些心愛的物件陪伴我們更長久，我們勢必要千方百計地提供它們一個安全的獨立收納空間。至於要如何擺放，那就要首先考慮到它們的材質。

大包裝小包

　　軟質料的背包若是一個個吊掛或排排站，絕對是NG的做法！因為柔軟包包的特性便是可以摺，獨立擺放就太浪費空間了。

　　根據包包的大小尺寸，將體積較小的包（例如帆布袋、側背小肩包），塞入最大的包裡（例如波士頓大包包），或者是材質較耐操、可以交疊的包包那就疊在一起吧！

　　但收納專家建議在包包與包包中間放個防塵袋，將它們區隔開來，以免再三摩擦、碰撞會造成小小破損。

皮革包包

　　而若是禁不起摺痕摧殘的皮革類包包，則仍是以懸吊法收納為最佳，現在市面上已經有不少收納包包專門的掛袋、吊架，都是為

了省空間、整齊排列、不傷及物件所發明的，有心善待自家背包的人，都應該要有一個。

另外，整理達人也提供了另一個包包收納小撇步，為了防止較少背的包包閒置久了會凹陷下去，變得無精打采，可以在其之中放入小枕頭、廢棄紙團，或是其他撐得起包包的東西，讓它們一直維持在良好的狀態。

▲ 包包填充物

除此之外，像皮革類的包包，除了定期將櫥櫃打開，利用除濕機除去水氣，亦可以在包內放入一個小巧的除濕袋，避免包包受潮而變質。而不常拿的包包可以放在衣櫃最上層，經常背的則建議吊掛在下方視線平行處。

愛包兩三個掛在進門處

千千萬萬個包包，總有幾個是最頻繁背出門的，這些愛包，不需要夥同其他包包收納在衣櫥中，可以利用懸吊式掛勾，掛在進門的玄關空間裡，出門時隨手拿下最為方便。

此外，越是頻繁使用的包包，通常上頭來自外界的灰塵也越多，若是能從外頭回到家直接往門口一掛，也可以防範將包包上的髒污攜入房間，同時也在幫助維持臥房的整潔。

(化妝品、保養品、衛生棉)
女孩兒的私用品怎麼收納？

當寢具打理好、衣櫥也整頓地一目了然，臥房的收納就來到了尾聲，女孩兒比起物件單純的男孩們，多了一些私用品需要收納，從衛生棉、衛生棉條等等經期必需品，到化妝品、保養品等等變漂亮的工具，也要耐心地將它們收拾好，有頭有尾，給自己一個療癒百分百的滿意寢室！

寸土寸金的化妝台桌面

說到化妝台……每個女孩心中都住著一位小公主，房間擁有浪漫化妝台是很多人的夢想吧？可惜在現實生活中，許多女生的化妝台都呈現大爆炸的狀態，除了一點也不夢幻，甚至到了羞於見人的程度，這該如何是好？

其實，臉蛋就這麼一張，常用到的化妝品不會多，桌子會亂糟糟，大半是那些買來後發現不適合的、沒擦完就跳槽別牌的、別人贈送的、路邊發放試用的……多餘品項所造成，既派不上用場，還占據了化妝檯面大半的空位。

所以，收拾化妝台第一步，就是把上述這種廢品，通通掃進垃圾桶裡！你會發現，原先再也容不下一粒沙的桌面，瞬間挪出了一大塊面積！

接下來，除了天天會用到的化妝

▲ 梳妝台上瓶瓶罐罐不要多

品、保養品，其餘舉凡不是每日所需者，皆收進抽屜中；這麼大的空間，取一樣小物，就會推擠到其它東西，一瓶倒、瓶瓶倒，不需要幾天的時間，抽屜想必又會呈現慘兮兮的凌亂狀，所以收納瓶瓶罐罐，抽屜一定要隔板！

收納專家推薦，小籃子是收納絕佳好夥伴，放在抽屜裡頭就可以將抽屜區分出許多格，快速把不同類型的化妝品區隔開來，且勝於隔板的優勢是，小籃子可以用手一籃一籃地拿起，若想要變換位置時更加方便。

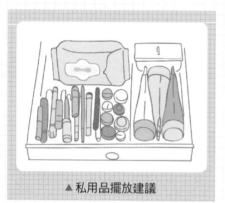

▲ 私用品擺放建議

另外，眉梳、睫毛刷……等等易沾染弄髒抽屜的品項，則建議底下要墊一層衛生紙，並且勤做替換，保持抽屜整齊的同時，也兼顧抽屜的清爽。

由低到高，不遮住後方保養品的排列法

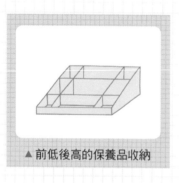

▲ 前低後高的保養品收納

當剩下少數的保養品放置在化妝台上，數量驟減，雜亂度也減少了一半。

最後，再運用「前低後高」設計的收納桌上盒，整齊收納瓶瓶罐罐，由於前面較低，每一罐後排的保養品也都能看得清清楚楚，免於要用時因為看不見名稱而造成拿取上的困難。

市售的收納盒有的不大貼心，缺少「前低後高」的設計，即便是將物件整齊放置後，也會因為找不到自己要的那一罐而氣急敗壞，甚至最後失去耐心，乾脆將瓶瓶罐罐再次擺出收納盒外，於是

又回到那凌亂的梳妝台桌。

　　若購買收納盒時找不到前低後高者，也可以自己動手做，利用廢棄的紙盒，或是紙箱，切割成各種高度，再拼裝起來，具備繪畫天分者，甚至可以自行手繪點綴花紋，就成了好用又獨一無二的化妝台收納專屬小法寶。

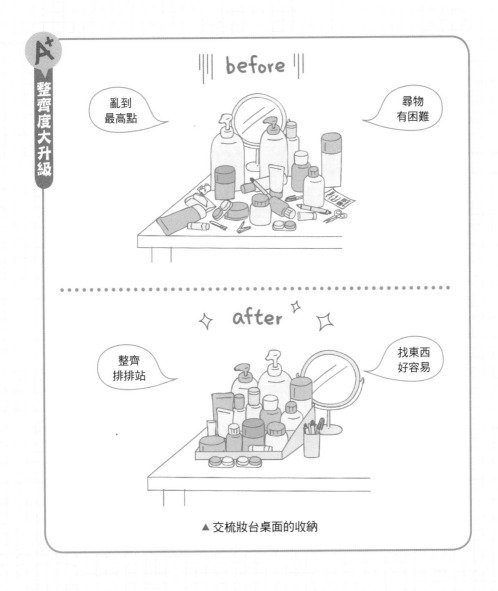

▲ 交梳妝台桌面的收納

Chapter
3

My書房！
好的知識補充站，讓靈感源源不絕

滿桌散亂的書本攤在眼前，
早該報廢的文件累積成山丘，
誰還有辦法專心學習、閱讀、思考未來？
淨空書房，也淨空大腦，
讓你的思緒如天馬行空般無比流暢！

書房關卡！
收納達人の養成

Start

level 1
書籍 容易生灰塵的小麻煩？　P.088

level 2

文件 其實大多數是廢物？　P.100

level 3

期刊 過期何必留下來？　P.103

level 4

紀念物 無價珍寶哪能拋棄？　P.105

level 5

抽屜 開開關關亂成一團？　P.107

Stage Complete！

書櫃變變變
櫃體設計有很大的發揮空間

書房收納也是居家生活重要的一環，然而，該如何利用好這個空間，卻不是一件簡單的事情；在我們的理想中，書房裡僅僅充滿各類書籍，實際上書房卻總是被許多書本以外、零零碎碎的物件所肆意侵佔，要如何讓這個區域的功能不被模糊掉、順利發揮呢？這就十分考驗主人的收納功力了。

而書櫃的整理是書籍收納項目的大宗，由於受限於一般小家庭房子的坪數，書房未必是家家絕對存在的廳室規劃，不過，書櫃卻絕對是居家常見的櫃體設計。

🏠 裝潢階段的書櫃設計

書櫃除了擺放書本的功能以外，經常也用來陳列裝飾物件，不亂則賞心悅目，一亂則傷眼駭人！因此，書櫃的設置顯得格外的重要；若能提早於裝潢時，替書櫃安排一個好的空間，那當然是贏在起跑點，關於書櫥的設計，聽聽看專家們是如何建議的：

打造電影般的場景，一整面的書牆

家中成員較愛買書的家庭，考慮到將來的藏書數量，在空間允許的範圍內，最好能擁有一間獨立的書房。在新家裝修時，則建議選擇一整面牆的嵌入式書櫃，這種設計不僅是最大限度地利用空間、擴大了視覺的上的遼闊感、兼具別緻的室內設計效果，書櫃與牆面融為一體，同時也能收納大量的書。

無書房的小型戶，善用客廳的牆壁

若為小戶型，家中沒有單獨的書房來儲存書籍，不妨巧妙利用客廳沙發背面的牆壁，室內裝潢時，加上書牆、牆上收納書櫃、牆上擱書架等等設計，即便無法像書房有藏書四面環繞的壯觀感受，也能有效節省空間，並且讓客廳增加不少文人典雅氣息。

挖掘角落縫隙，配置收藏書的空間

家庭中任何的小角落、小縫隙，都可能具備著意想不到的收納效果，多多去留心，發掘出一個聰明的「藏書之處」其實並不難。例如：在窄小的窗臺邊，自行增添一個小櫃子、小檯燈，立即可變出來一個恰到好處的讀書空間。

此外，書桌上方的懸空書櫃，也是利用空間的一個絕佳方法，它的顏色若跟書桌統一，則帶來視覺一致性，若用不同的顏色做佈置，亦不失為增加裝飾樂趣的小撇步呢！

以書架美化空間

書櫃的樣式只能侷限在長方體、方格狀嗎？當然不是，其實櫃子的設計用不著那麼規規矩矩，「收納要玩的漂亮」才是最終目的，櫃體的設計若活潑、多變、打破傳統、富有創意，也是為居家景觀增添更多不同凡響的趣味性。

在世界各地，有許多室內設計師在設計書櫃時，不採用傳統的四角尖尖格子狀櫃體，反而依照空間條件、主人風格，創作出讓顧客為之驚嘆的櫃體，這些設計受到民眾廣為分享流傳，其中有的甚至還得過相關設計獎項：

書櫃

由英文構成的字母書櫃，在牆上寫出簡單明瞭的「B」、「O」、「O」、「K」四個大字，帶來視覺上的震撼設計感。

俏皮的翹翹板書櫃，需要家裡較大的空間，藏書量即便不多，但除了擺放較常閱的幾本書冊，主要亦做為空間中的擺設及裝飾。

可以依照藏書多寡，選擇分枝多的樹狀書櫃，或是分枝較少者，建議利用不同的分枝作為書籍的分類，比方說：其中一個分枝架上放流行性雜誌、另一個分枝上面則擺放小說類書籍。

舉凡是任何設計得合宜的不規則家具，都可以帶給居家空間較為流動的感受，若是主人不喜歡過於中規中矩的書櫃架，那麼如例圖般層層不規則重疊的方格，也不失為一種靈活的櫃體設計。

部分家庭分上樓層與下樓層，有樓梯作為通道，下方的夾角空間易浪費，斜斜的樓梯下方，除了作為小倉庫之用，改建成一整面的三角形書牆，也是發揮閒置空間的絕妙計畫。

此款書櫃設計與樹木狀的分枝有異曲同工之妙，每個六角格子也可以專門擺放一種類型的書籍，除此之外，如蜂窩般的可愛形狀，也替空間帶來極為有趣的感覺。

▲ 六款創意收納書架

購置基本款的書櫃

不規則的擺放，帶給家居流線感、層次感；而方格式的書櫃，則可以靈活地分類收納各種類的書，分別達到了兩種不同的裝飾作用。收納不單單是划算地利用每分空間，也必須達到一定的美觀效果，才是真正成功的收納術。

若你已經錯失了裝潢書房的時機，那麼收納書房時，需要關注的部分，則轉變成書櫃的採購選擇，即便用不著裝潢書櫃時的萬千巧思，簡簡單單的木質書櫃，散發著天然的書卷氣息，也同樣可以打造出一間讓人熱衷閱讀的溫馨書房。

而在多如繁星的市售書櫥中，想要挑選出一個收納機能良好的書櫃，要注意的細節有哪些呢？

1. 取書的最佳高度為60～180公分

一般來說，除非是為了配合特殊的書房佈置，否則最便利的取書視線範圍在60～180公分之間。

太高的書櫃或太低矮的書櫃都容易造成取書困難，而我們擺放書籍的時候，常閱讀的重複用書可以放在平行視線處，較不會一看再看的類別，則建議分別置入高處與低處。

2. 藏書的最佳深度為30～35公分

以A4紙張的大小作為例子，一個書櫃的夾層深度若為35公分，那麼書擺放進去之後，約莫還能留有5公分左右的空間，可以拿來展示相框、玩偶、瓦盆栽等等裝飾小物件。

此外，若對於擺放其他物件的需求較低，挑選櫃體深度的範圍也可以設定在大約30分左右。

3. 層板的最佳厚度為2～4公分

有的人喜歡自行拿著槌子敲敲打打，替書櫃加裝層板，增加容書量，若層板超過5公分厚，則不免佔據太多位置，可以將厚度改至4公分以下，比較薄，多少可以節省一些空間。

然而，不建議厚度低於2公分，因為書本有重量，若乘載的重量超過層板所能夠負荷，則容易變形下凹。

4. 替書櫃加裝門片

大部分的書櫥，本身皆採開放式設計，沒有門片的阻隔，較方便閱讀者做拿取的動作。

不過，在書櫃上面加上櫃門，也有其優點，例如：減少視覺上的凌亂度、將較少看的書區隔開來、防止灰塵對書籍造成汙損……等等，落塵多的家庭可以考慮。

5. 活用可移動的書檔

不常拿下來翻閱的厚重書籍，例如：工具書、大小字典、百科全書，直接放在書櫃上也無妨。

反之，經常要取出翻閱的書，或者有些讀本小又薄，容易倒來倒去，最好要以書擋適時隔開，讓書立正排列整齊。

6. 書櫃頂部空間也要考慮

櫃子頂部以平面為佳，可以置放各種收納盒子，實現多種物品的密集性收納，有效提高空間的使用率。

（ 沒有書本不能丟棄的道理 ）
生灰塵不如分享給愛書人

你也是個愛書成痴、捨不得拋棄書的文青嗎？一遇上過年大掃除時，除了舊衣舊鞋，數量頗為可觀的便是舊書、舊雜誌了！

不是每個家庭都擁有大書櫃，也並非人人都是藏書家，如果你的居所空間有限、其他雜物更多，挪不出如此大的位置來收納書籍，那你的書要怎麼辦呢？

清理舊書實在讓人頗為費神，清的時候鼻子大過敏，清完之後又不知如何處置。在網路發達的現代，社群網站、拍賣app都是送出舊書的好園地。若嫌自己一本一本網拍太費事，零散送朋友也未免有些麻煩，捐給圖書館或是賣給二手書店，也不失為便捷的管道。

Smart!
收納偷吃步

請二手書店到府處理舊書

部分二手書店提供「到府估價」收購舊書的服務，是出清大量書本的好通路，如果書店挑完後，剩餘的也可以請他們代為處理掉。

🏠 細數愛書的數量

書籍收納的第一步就是丟棄書，首先，認真思考看看，你買過那麼多的書，但是，你真正完整閱讀過的，或是有計劃一定要看的有多少本？是不是其中有的書，已經擱在書架上好一陣子了？有的興致勃勃購入後，才翻幾頁就發現不對胃口？有的雖想堅持看完，卻永遠看不到最後就愛睏打哈欠？

不再愛的書籍

　　沒能引起你興趣的書籍，沒有讀完的必要，若不愛這本書，硬讀完恐怕也打動不了你的心，擺上幾年你也不會去翻第二遍；又甚至是讀到一半就感到內容不優的書，這種書也只值得你看到一半。

　　或者部分書籍，總認為有一天會讀到，那天卻遲遲不會到來，最常見的例子就是語言學習書和考試用書，長期未閱讀的書籍都應該立刻丟掉，因為「那一天」如果會來到早就來了，怎麼還會任由它閒置那麼久呢？

　　還有一種書，是你的愛書，裝滿濃濃的情感，像是《哈利波特》、《魔戒》……等等魔幻系列小說，厚度好嚇人，才幾本便已經將書櫃給塞爆，平時雖不會頻繁地再三翻閱，不過只要一回味到童年沈迷其中的珍貴記憶，卻怎麼樣也捨不得丟進垃圾桶！

　　冷靜下來想看看，你希不希望更多孩子跟你一樣有機會讀到它？或者要讓它因為你的念舊，就這樣被冷落在書架上？

　　書本之所以珍貴，不是因為有形的紙張，而是書中蘊含的無形知識、內容，你當然可以保有少部分希望典藏起來的珍愛書冊，其餘的就將它捐贈出去吧，唯有將這些東西一再地傳承下去，才能使一本書無限地增值。

Smart! 收納偷吃步

戴上手套慎防紙張割手

整理書籍時，絕對要戴上棉手套，不僅能順道擦掉沾在書籍上的灰塵，也可以預防割傷，最好準備個2～3雙備用。

翻櫃、倒書、分門別類
整頓書籍第一步

透過與自己喊話，下定了丟棄書籍的決心後，別給自己猶豫的時間，立刻來動手收拾漫漫書海吧！若只是一本一本從書架上取下來、放回去，深怕又要落得沒效率的後果，怎麼整理書籍最有效？讓達人一步步教導你：

一次性將所有的書籍搬出櫃子

直接在架子上面整理起書籍，是最沒有效率的收納方法；避免過濾書籍會有不確實的狀況產生，絕對要將所有的書集中，並攤開來一本一本好好審視，才不會在經過一番大清理之後，仍有漏網之魚，繼續佔據書櫃的有限空間。

▲ 將書籍分成各種類型

依照書籍的種類分成一堆堆

若是不先將書籍做出分門別類，眼前看到什麼書就整理什麼書，那最後會導致依舊搞不清每種書的多寡，例如：不知不覺留下20幾本考試用書，還真是相當沒必要；根據常見的書籍種類，擺放成不同主題的書堆：美妝雜誌、科技雜誌、奇幻小說、推理小說、心

理勵志書、財經商管書、健康養生書、生活風格書、食譜書、寫真集、考試用書……等等，以自己好記憶的分類法下去整理。

從每一小堆中挑選出想保留者

依循種類做好分堆後，每一類的書籍各有多少本，就相當顯而易見，這時候再從自己最重視的類別開始取捨起，取出典藏價值高、再讀機率高者，擺放回書架上，剩下的則先擱置一旁，待所有的書堆都巡過一輪後，若書櫃上尚餘部分空間，則可以從方才淘汰的書中，再選出幾本希望留存的，一同歸回書櫥中。

其餘的書冊通通回收

底定了需要留存在書櫃上的書本後，其餘的再分成捐贈、丟棄兩區，基本上，除非是老舊、破損、發黃，否則建議可將書送人、捐給圖書單位，延續其價值。在此分類途中，將書一本一本拿起，與它們道別，須注意的是，切勿再次翻閱這些書籍，以免增加收整書的時間，甚至又引發依依不捨的心態。

依「閱讀習慣」收納

除了同類的書盡量放在一起，根據書本的使用習慣，放在合適的地方，也是另一種常見的書籍收納法。

比如說，你最喜歡在睡前的時間翻翻小說，那麼，比起遙遠的書桌，更建議你將小說收納在床頭櫃，隨取隨讀，看累了還可以順手作收納，不造成空間混亂。

視覺也兼顧
收納出美觀書櫃的秘訣

書櫃

除了把相同類型的書放在一塊，你在收納書籍的時候，有沒有想過怎麼「擺放」，整體才會更好看呢？

書背的顏色

建議把高矮一樣的書、書背同色系的書排列在彼此旁邊，甚至是深淺都顧及到，深的在一邊，淺的在一邊，那麼眼睛在凝視這面書牆時，便不會感到過度凌亂。

如果心中有著無限的創作欲望，嘗試著按照書脊的顏色，來畫一幅圖吧，例如：照著紅、橙、黃、綠、藍、靛、紫的順序分配各色彩書籍的位置，遠遠地看上去好像一道彩虹般，在平淡的書籍收納時光中，製造一點點浪漫。

書封的展示

正正方方的書櫃，雖然可以收集很多物品，然而亦有其致命的弱點，倘若你的書櫃中，沒有安排任何裝飾格子，那視覺上看起來會很呆板。

除了嘗試擺上幾件裝飾品外，還有一個方式，那就是將幾本尺寸較不合群，或是封面有著漂亮插畫、照片或鮮豔色彩的書，翻轉過來，把書封展示在書架上，遠看的話，好像在展售書籍一般，是種相當討喜的擺設。

▲ Show出愛書的封面

無書腰更一致

　　書腰其色彩通常與書封不同，擺在架子上賣時，有吸睛的效果；然而，以收納的角度來看，則是增加雜亂感的一個麻煩。因此，擺放書本的時候，建議可以先將書腰一個個拿起，分開來收納，不僅增加視覺一致性，也可以更完善地保存書腰，避免拿取書的過程中，發生凹折、撕裂，或造成收放阻礙等等惱人情形。

▲ 試著拿掉書腰

文件丟丟丟
過期資訊不堪留

　　提及文件，也是讓收納頭痛的一大項目，看看家中那堆積如山的紙片，你自己都不見得清楚究竟有哪些資料了，還要逼你整理？心底真有股逃之夭夭的慾望！

　　無論是哪一種物品的整頓，最正確的收納程序，皆區分為3個步驟，首先學會丟東西、然後在把剩下的東西分類整理、最後在根據自己的使用情況決定收納場所，基本上，所有物品的收納都是遵循這樣的一個原則，整理、收納不分家。

　　因此，收納文件的第一步，當然也是先將該丟的文件通通丟掉，尤其是那些過期的傳單、逾期的通知單、用過的電影票⋯⋯等等已經過了時效性的東西，價值為零。

　　即便紙張再輕薄、再多麼不佔據空間，也是會增加觀感亂糟糟的感覺，平時缺乏時間去淘汰它們，特別要利用這一段收納文件的好時機，好好地過濾、減少才行。

　　同樣的，以「留下需要的文件」為原則，訂出需要文件的條件：「近期用的上」、「將來有明確的日期用的上」、「非保留不可」，不符合以上任何一點的文件，則當機立斷地拋進垃圾袋裡。

　　「近期用的上」：例如本月的電話費、這星期要聯絡的客戶名單等等。「將來有明確的日期用的上」：如年底到期的護膚券、明年講座的入場票。「非保留不可」：房契、租約、售後服務卡⋯⋯等等有一定重要性的文件，才有被留下的權利。

帳單、發票、待辦工作
屬於「處理ING」的文件

收納文件時，有一個特別需要注意的事項，那就是由於紙張厚度極薄，因此整理時最好一張一張地仔細翻閱檢查，以免這張與那張黏在一起，不小心就有遺漏的部分。

整頓文件，使用頻率是重點，頻繁用的到的、近期內用的到的，都應該跟較不經常翻閱的文件方開來收納，以免急用時還要在一整疊的紙張中不斷翻找，浪費許多作業的時間。

收納專家建議，最好替這一類近期可能會重複翻閱的文件，設立一個「處理ING特區」，設定在唾手可得的地方，例如書桌桌面上，容器則以開放式的L夾最佳，方便主人隨時取出。

若並非處理中的文件，則收納進看不見的抽屜中，做隱藏式收納，讓眼觀可及之處整齊、有規律。

接著，再定期整理「處理ING特區」的文件，確認看看：本月發票對了沒？代辦工作處理完了沒？這一期的卡費繳了沒？

有了「處理ING特區」的幫忙，打理任何日常瑣事都會效率倍增！

處理ING特區

家政女王の小道具

運用L夾設立一個待辦區

101

（ 合約、保固書、重要資料 ）
文件的保存，活用資料夾vs透明夾

文件

　　有某些類型的文件，短期內並不會派上用場，可是你確知它是「將來有明確的日期用的上」或是「非保留不可」，前者例如距離過期日還有一段日子的折價券、入場券、電影票，後者例如契約類型文件、保固書，它們雖然被使用的並不頻繁，但是都有其保存價值，需要妥善的做收納。

　　保存文件最廣為人知的小道具，就是各大書店均售的資料夾、透明夾，將紙張一頁一頁的安插進去，再搭配上小標籤的使用，寫上類別，查詢文件時不浪費一絲絲多餘時間。

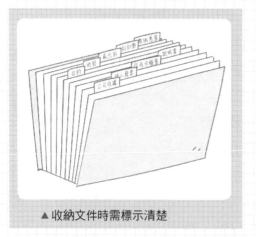

▲ 收納文件時需標示清楚

　　注意！「小標籤」對於文件的收納也是不可或缺的，當紙張數量尚未到達一定程度時，也許還能夠憑記憶、碰運氣翻找，隨著文件逐漸增多，若是無小標籤的區隔，勢必會落得尋找資料困難的窘境。

　　此外，收納文件夾中，又可以細分為透明的透明夾，與非透明的一般資料夾，大部分的人傾向購買後者，以避免視覺混亂，不過，將某些文件搭配透明夾收納，可以讓資料上方的資訊更方便被閱讀，最後再將透明夾收納至抽屜裡，亦不需多慮空間紛亂的問題。

過期雜誌、報紙
去蕪存菁，留下喜愛的剪報即可

　　報紙一份才15～20元，現在的雜誌也定價越來越便宜，品嘗早餐時、午休閒暇時、等待飛機起飛……等等時機，我們常習慣性地順手買上一本，也總習慣性地在將整份閱讀完畢後，隨手放進手提包中，攜帶回家擺上好一段時日。

　　報紙上的新聞，往往都是近期發生的；雜誌的內容也會隨著時間點，逐漸變得沒有一看的價值，例如：去年的流行雜誌，展示的都是已經過季的穿搭風格；前一季的電子雜誌，介紹的也都是上市頗久的3C用品，如果沒有即時更新話題，恐怕會笑掉別人大牙，被冠上「落伍」的頭銜。

　　其實，受到時間侷限的讀物，內容的可看性會隨著時間降低，最需要訂定一個期限，時時做整頓。

　　收到最新一期的期刊，就將上一期的做淘汰，讓家中的雜誌隨時更新，處在最新穎的狀態，也讓自己的腦海不斷流動，輸入新資訊，換掉舊的資料，不僅懂得順應時代潮流，於社交生活中，也可成為人人稱羨的「新資訊」網羅專家。

Smart!
收納偷吃步

舊報紙也可以賣錢嗎？

舊報紙可以換錢，閱讀後的報紙放在定點囤積，上網找出鄰近的資源回收場並比價，不參雜其它紙類、親自送去的價格更高些。

而報紙的汰換上，其頻率可以拿捏的比雜誌還頻繁，基本上，一個星期便可以淘汰1～2次。

尤其是各種地方小新聞、娛樂性小專欄，很少人在看了一次之後，還會回頭再看第二遍。

有的民眾可能會有疑問：但是報章雜誌不只包含新聞、新資訊，有些文章頗具深度、修辭又美，看它千遍也不膩，我想將它保留下來，難道不能嗎？

若僅僅因為一段文章、一張圖片，而留存了一整份的讀物，收納CP值相對低，而實際上，由於閱讀時還要翻找，麻煩度之高，往往會讓我們最後乾脆就不再翻閱，那些其餘的紙張，正是浪費了空間的常見罪魁禍首之一。

若是希望保留在這些時效性讀物上，發現到的感動文字，或是趣味的圖片、引人入勝的照片，我們應該養成剪報的好習慣，透過剪貼，僅留下發自內心認為會重複欣賞的部分，多餘的就可以毫不猶豫的扔進紙類回收箱，加倍奉還被偷走的空間！

▲ 剪報是減少文件的好方式

舊照片、信件、卡片
智慧型手機將你的感動數位化

　　還有一種丟也不是、不丟也不是的文件，那就是陳年的舊照片、飽藏回憶的舊信件、承載滿滿心意的舊卡片，這些物件的價值都屬於無形，卻是有錢也買不到、買不回來的，一旦將其放進垃圾袋，就好像要讓自己人生的一部分也隨之焚毀了，因此，怎麼有辦法說丟棄就丟棄呢？

　　幸運的是，我們生活在一個科技發達的時代中，智慧型手機人手一支，已經不像爸爸媽媽那個年代，每次搬家都要害怕再三搞丟東西，只要掏出手機或是相機，「喀擦」一聲，文件的內容便可以瞬間數位化，長久留下，甚至還可以上傳至雲端空間，不必像紙張一樣，有泛黃、蟲蛀的困擾。

▲ 智慧型產品收藏珍貴回憶

筆筒
擺放常用的少量文具，其餘不占位

除了臥房中溫暖的床，忙碌的現代人花費大半的時間坐在電腦桌前，無論是辦公、聯繫客戶、經營社群、追影集、打電動……囊括做正事或消遣活動，都離不開電腦的使用，要提高處在這個區域時人腦的效率，我們需要的是整整齊齊的桌面擺設。

原則上，與其煩惱零零碎碎的文具該如何才能擺放得漂亮，不如將桌子檯面上的文具量減到最少。

我們最經常使用的不外乎就是那幾樣文具，例如：一支藍筆、一支紅筆、一個立可帶……頂多再增加一支鉛筆、一塊橡皮擦，其餘的皆收納進抽屜，不增加桌面的凌亂，更為適當。即便是放在抽屜中，取用性也高，並不怕造成不方便。

除此之外，還可以順道掌管文具的用量，例如：將紅筆用掉一支後，再取用另外一支，避免造成樣樣都用、樣樣都用不完的浪費情形。

遺留在桌上的少數文具，則交由筆筒來收納，購買一款符合自己書房風格的小筆筒，整理文具用品之外，也可以當作裝飾整體書房的小點綴。

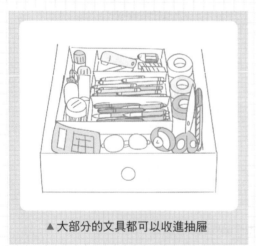

▲ 大部分的文具都可以收進抽屜

抽屜
隔版再隔版，叫人跌破眼鏡的整齊抽屜

掌握少數文具留在桌面上，其餘多數用品收納起來的原則，多出來的東西，例如大量的藍筆、黑筆、自動筆；以及偶而才會使用上的品項，例如：拆信刀、紙膠帶、大剪刀；或因為占空間而不宜放在桌上的物件，例如：計算機、秤重機；以上提及的各類物品，都應當擺放進在抽屜中。

而抽屜面積如此寬闊，若是大剌剌地將所有文具用品放在一塊，將會導致整片散亂的景象；即便是最初一件一件地擺整齊了，也會在不斷拿取內容物的碰撞中，讓所有的物件漸漸地東倒西歪。

我們必須運用一點巧思，將抽屜分割成許多小小區塊，每一類物品都有其各自應該歸位之處。

如此一來，在使用的過程中，即使不刻意的做整理，也不用擔心物件與物件之間會相互打擾，即使翻亂了其中的一格，其他格子依舊能夠整整齊齊。

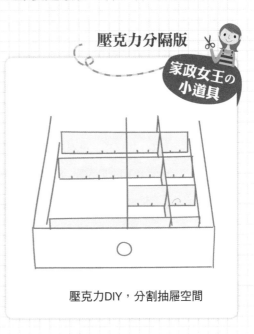

壓克力分隔版

家政女王の小道具

壓克力DIY，分割抽屜空間

Chapter
4

My客廳！
面子裡子兼顧，重返光鮮亮麗好形象

我的家庭真可愛，

可惜凌亂不堪的玄關無法見人？

亂無秩序、雜物滿載的客廳，

會深深阻礙全家人感情的凝聚與維繫，

萬萬不可輕忽的居家收納重點，溫馨客廳大改造！

客廳關卡！
收納達人の養成

Start

level 1

CD、DVD 室內裝飾的一部份？ P.114

level 2

電線 繞來繞去繞成仇？ P.121

level 3

玩具 童心未泯要節制？ P.126

level 4

鞋子 凌亂留在家門口？ P.134

level 5

鑰匙 永遠記不得忘在哪？ P.140

Stage Complete！

客廳是一個家的門面、家庭成員互動最頻繁的區域，也是來訪賓客的活動場所，人們賦予它諸多用途，讓客廳集視聽、休閒、會客等等重責大任於一身。而這一個充滿人氣的地方，齊聚設備、傢俱、物件，如何將這些東西妥善安置，讓空間雅致中不乏清爽，還得從收納上好好規劃一番。

🏠 公共空間，只收留屬於全家人的物件

為避免雜物過量，再加上客廳既然被定位在「公共空間」，所以「公家物品」是本區唯一歡迎的物件，不該讓私人東西沒道理的佔據在這，屬於個人的物件都應該各自帶回房間收納。

習慣不良的家人常把自己的東西帶到客廳裡，比方說：爸爸把工作上的報表拎回家，隨手放在茶几上；媽媽逛街收到廣告傳單，理所當然地丟在客廳；哥哥不愛在自己書房溫習功課，在沙發上堆滿參考書；妹妹在玄關扮家家酒，玩一玩就將洋娃娃擱在原地……。這些本不屬於客廳的東西，卻是造成天下大亂的元兇。

為了讓大家養成「自己的物品自己負責整理」的好習慣，請灌輸每一位家庭成員「維護公共區域，人人有責」的概念，並要求每個人能夠自動自發，定期把私人物品各自帶回房間內。

🏠 不同的四季樣貌in客廳

除此之外，欲減少客廳中的雜物，適當的「季節更迭」是必要的，不當季的東西勿持續擺在客廳，例如：冬季的保暖毯、電熱毯，若進入夏天還擺在沙發上，不僅多餘，還會造成灰塵、蟎蟲的累積，應該快快洗淨後，把它們收進雜物儲備間。另外，季節物品如果連續2年沒有再使用，就可以考慮捨棄，空出部分坪數，增加更多空間，才能顯示客廳清爽不壓迫的一面。

會客廳的收納規劃提點
隱形收納十八般武藝

「精簡」是客廳收納學問中的大原則，開放式的廳堂，視覺上以廣闊為佳，滿滿的物品，容易使人覺得憋悶不舒坦。

心理專家曾經說過，客廳若壅擠，全家人不愛待在這裡，久了甚至會對凝聚力、感情造成影響；要解決這一個問題，就要學會有技巧性地做收納。合理佈局電視櫃、書櫃等大型傢俱，並充分利用它們本身的儲物功能，再搭配小件的儲物工具以增大空間使用率。

👜 兩大巨型儲物傢俱

通常，客廳中會有兩個主要的收納家具：電視櫃和書櫃，它們無疑要達到「大肚能容」的標準才算及格。

沙發區一般需要做收納的項目，有坐墊、茶几、茶杯、遙控器、光碟、音箱、雜亂的電線、衛生紙、水果盤……等等，可以用功能性的組合電視櫃將一切收納其中。

挑選電視櫃時，選擇一個收納空間較大的，不僅擺放電視機，也是玩收納的好舞台，進而能達到「一物雙用」的目標，一來收納客廳中物件，二來利用櫃上裝飾品增添客廳風格。。

此外，家中沒有書房的家庭，亦可以在客廳增加書櫃，或者是在電視櫃裡置放藏書，陳列起來多了裝飾效果，替客廳增加一絲絲文學氣息，有人客來訪時，還能信手拈來一本書，彼此切磋學問、增加話題呢！

🏠 見縫插針，功能性智慧小傢俱

收納椅

家政女王の小道具

收納椅兼具實用性

傳統的掀蓋式鋼琴椅，坐起來舒適，且另含有收納的功能。

而底座是儲藏箱的沙發現在也已經不罕見，多出來的底部空間能夠置放更多物件。

此外，又如可掛在沙發上的雜誌架、可黏貼在牆上的遙控器、可折疊的茶几等等，都是專為收納而設計的好東西。

🏠 客廳死角多，可放置規格化盒子

客廳中有著許多不易發現的死角，像是牆角、轉彎處、沙發側邊，這些空間特別適合堆放規格統一的收納箱盒，箱子若本身帶有設計感，並不會羞於見人。

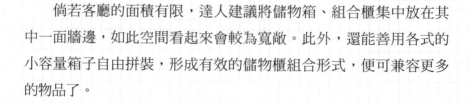

Smart! 收納偷吃步

醜陋的水果紙箱遮掩術

有些家庭主婦喜歡用裝水果的牛皮紙箱來收納雜物，若直接擺在外頭較不美觀，只要披蓋一條美美的布，瞬間就能夠變出一張小桌子。

倘若客廳的面積有限，達人建議將儲物箱、組合櫃集中放在其中一面牆邊，如此空間看起來會較為寬敞。此外，還能善用各式的小容量箱子自由拼裝，形成有效的儲物櫃組合形式，便可兼容更多的物品了。

拓展垂直立體空間

所謂的垂直立體空間，包含牆壁、天花板、櫃子頂端、傢俱底下，都是非常實用的收藏地點，同時也是一般人容易遺忘的。

構思室內設計時，可以多加地利用壁櫃、壁架、懸吊架等等傢俱，增加牆面上的空間。

而沙發如果不靠牆放，可以立即增加一整面的牆面空間，此面牆壁上亦可安裝長短擱板，放置各種雜物，或挨著牆做一面書櫃，收納書籍。這些擴展出許多收納空間的裝潢小巧思，即是那「垂直空間」的創造法。

Smart!
收納偷吃步

陳列架DIY

市面上有很多種開放式陳列架，這些組合架通常拆卸組裝簡單，當要搬家或移至別處時，都不需大費周章，是靈活運用的一項小工具。

除了壁面，天花板也是一個值得注意的空間，將牆壁上的壁櫃高度延伸至接近天花板之處，擴大收納容量，最適合收納一些使用頻率較低的零散小物品。

不僅如此，複合式住宅的樓梯轉角或下方、走廊的兩側、相鄰牆壁之間，甚至樑柱四周的空間，都可以被發展為收納之用。

CD、DVD
直立式收納，好拿取、好歸位

▲ 將CD、DVD在電視下方的空位排排站好

隨著現代科技的日新月異，現代人要聽音樂、觀賞電影，不只有買光碟片這一條途徑，因此未必人人都有收藏光碟的課題。若家中CD、DVD數量少，利用電視櫃、電視底下的空間，直立擺放做收納，便能建立起收納整齊、方便拿取的收納一角。

影音收納櫃的規格

部分族群對於下載影音興趣缺缺，認為實體CD、DVD才有收藏的吸引力，那麼在這些人的客廳裡，就需要影音收納櫃的設計了。

▲ 直立收藏CD、DVD

光碟片的收納深度

不論是CD或者是DVD，基本深度約在11.5公分左右，為避免遇上特殊包裝或材質的光碟產品，影音收納櫃的深度建議為稍大一些的14公分。其形式可開放、可封閉，建議以直立式收納為主，避免在抽取底部的光碟片時，讓上層的光碟跟著被抽出，導致一整排都東倒西歪。

沙發區

安裝可移動式層板

　　配合客廳整體裝潢，會出現某些特殊的橫向式收納設計，造型雖然很簡單，也的確富有強大的設計感，若是CD、DVD被張張重疊、由低至高擺放，建議搭配活動式層板，將收納櫃分成一格一格，避免骨牌效應，還可以自由地更動收納高度。

大抽屜的雙層收納術

　　如果房子原先已經裝潢好，只剩下較寬大的抽屜，那麼就使用「雙層收納法」來做影音商品的整理。

　　將少看、少聽的光碟片，置入抽屜最深處，再一層一層排列到最外面，一打開抽屜就能看見的，就是聆賞最頻繁者。充分利用前後空間來擴充收納量。

預留CD、DVD的成長空間

　　規劃收納空間時，記得再三提醒自己，不能將CD、DVD的數量抓得剛剛好，計算完現有的光碟數量之後，還得事先預留起將來的成長空間，不然新買的CD、DVD又無處可收拾了。

　　另外，設定了有限的影音收納空間後，為了可以讓新增的光碟片有家可歸，也必須做到收納的基本功「丟棄」，定期拋售喜愛程度不高的CD、DVD，節省居家空間，促進藝文的分享與傳播。

Smart!
收納偷吃步　**二手CD店老闆的小忠告**

收藏CD的時候，建議要將光碟及歌詞本完整保存，如果連同上市時隨光碟附上的小贈品都全套收藏，二手估價時的價格會更高。

👕 名稱朝上擺放

實際動手將所有影音光碟片收納完畢後,千萬別忘了最後一個步驟,那就是 最好將CD、DVD標有主題名稱的側邊朝上面擺放,沒有標示者,則建議以油性麥克筆在朝外的一側,自行寫上可辨識標題,如此一來,打開抽屜時立刻就能找到,以避免辛苦收納了老半天,卻發現找尋起來困難重重,可就功虧一簣了。

👕 讓影音show出你的個人風格

CD收藏可以多到幾十、幾百張,甚至是幾千張,但是一個時期聽來聽去的總是那幾張而已,請放棄將所有珍藏一次展示出來的念頭,精挑幾張特別熱愛的、最讓你心動的出來擺放,其餘則收納進影音櫃,輪流展出,解決了空間不足與清潔不易的雙難題。

除此之外,將CD封面朝外地裝飾在牆壁上,秀出形形色色的專輯,亦是極度聰明的收納方式;每張CD都住有主人的靈魂,每一種風格的CD都是與主人相互呼應的珍寶,秀出專輯的同時,也正是秀出了主人的愛好、品味、性格,根據房間裝潢以不同的形狀擺放專輯,就成了現成的室內設計。

▲ CD收在牆上就變成一種室內設計

3C用品
電子、電力產品，集中整頓

　　相關的物件與工具要集中收納，整理3C用品的時候，最好將家中閒置的公用筆電、公用隨身碟、公用遊戲機……等等電力產品歸納好，先將已無人使用的產品回收，例如：笨蛋手機、電子辭典使用頻率越來越低，可找專門回收電力產品的廠商做變賣；並且把多餘的數量計算出來，比方說：零零散散的隨身碟收集起來有8個，家中成員沒這麼多，亦可考慮淘汰掉容量較小的。

　　結束「丟棄」的步驟後，剩餘的電子、電力產品，再檢查過性能都還健全之後，就統一收納在全家人都方便拿取之處，並且定期開機做檢驗。

記憶卡

不用的筆電

舊手機

遊戲機

電池

智慧手機

電子辭典

數位相機

USB

▲ 共用的電力用品集中收納

Smart!
收納偷吃步

相機的電力

電力用品即使是沒有使用的當下，也流失著電力，若以為電已充飽，未經定期檢查，出外遊玩時可能發生開機不剩下多少電的尷尬情況。

🛍 防潮箱，高單價產品的歸宿

　　愛玩攝影的朋友都知道，攝影是一種很昂貴的嗜好，器材林林總總加起來動輒好幾萬甚至好幾百萬元，在台灣這種潮濕的國家，北台灣更是溼氣逼人，尤其陰雨綿綿的清明時節，就是攝影器材的隱形殺手，將對你的愛機造成莫大的威脅，這時若再把相機放在普通櫃子裡儲放，便是冒著受潮、受損的潛在風險，不久就可能發現鏡頭的接環處產生銹蝕，或是鏡頭表層變成霉菌的繁殖窩。

電子防潮箱

家政女王の小道具

保護高價產品可添購防潮箱

　　對於高單價的電力產品，收納專家建議可入手一台防潮箱，好做為讓產品保值的投資，花一點小錢，也許會避開更大的損賠。

　　平常沒有使用攝影器材的時候，將其放入防潮箱收納，把水氣阻絕在外，能降低外在環境因素的影響。即便室內處在潮濕狀態，上頭的旋轉鈕可控制除濕強度，讓相機維持在一定的乾燥度，預防潮濕、霉害。

　　除了相機，若防潮箱中有多餘的位置，亦可以分配給攝影器材以外的畏潮物品，例如：大型隨身硬碟、限量版CD、珍藏DVD……各種深怕其敗壞的寶貝，在潮濕度可以做調節的環境中，都能夠再獲得較妥當的保存。

遙控器
決定擺放位置後通知全家人

回到家「咚」地一聲躺進沙發裡面，想瞧瞧電視上正在播放些什麼節目，雙手撈來撈去、搆來搆去，才發現遙控器不知道跑哪兒去了⋯⋯

你是否也有類似以上這種經驗呢？電視遙控器就像許多瑣碎的日常用品一樣，幾乎沒有一天不會用到它，收進抽屜裡顯得多此一舉，擺在桌上又沒有確切的位置，每個家庭成員習慣擺放的地方也許還不相同，就容易造成遙控器「失蹤」的劇情上演。

而客廳中通常不只有一個遙控器，除了屬於電視的，還有冷氣遙控器、音響遙控器、DVD Player遙控器⋯⋯若將它們零零散散地丟在客廳四處，數量一多，看起來可真是要命的亂，還會發生「拿著電視遙控器去開冷氣」這種糊裡糊塗的生活糗事，讓你察覺到：遙控器沒收拾好，是客廳收納的美中不足。

將遙控器整齊黏貼在牆壁上

其實，要搞定這小玩意的收納還不簡單，參考購買冷氣時附有的遙控器座吧！將遙控器的收納空間規劃在客廳牆壁上，不管是運用遙控器架，或著是自製簡單的魔鬼沾，將遙控器順手一擺、一貼，絲毫不占空間、不擾亂環境，立即成為「垂直式收納」的優良典範！

▲ 遙控器架方便、省空間

遙控器的白膠清潔法

髒兮兮的遙控器，掛在牆上多丟臉，其實只要用白膠均勻塗抹在表面，放一個晚上風乾後，撕下來，遙控器就會煥然一新。

給遙控器一個專屬的竹籃小窩

懶人一族也許會提出質疑：「那看電視的時候呢？觀賞節目時，一下要放下手中遙控器、一下要拿起來轉台，難道要我頻繁地取下、放回牆上、取下、放回牆上嗎？牆壁可能離沙發有一段距離，這需要不斷走動欸！」

收納達人給懶人的小建議是，選擇一個竹籐材質的收納小籃子，即便是放在客廳桌，將遙控器做開放式的收納，由於籃子典雅可愛，視覺上依然溫馨雅致，不用擔心造成空間中的混亂。

▲ 遙控器專屬籃

全家一致通過的位置變更

無論是要將遙控器掛在牆壁上，還是改收納在專屬的籃子裡，記得通知全家人，獲得大家的一致認可唷！畢竟遙控器是項公共的物品，每個人都有機會拿到，突如其來更動位置，恐怕會造成某些成員的不便，互相口耳相傳做提醒，才是細心體貼的做法。

電線
眼不見為淨，將電線藏到視線外

　　身在這個離不開電力的時代，家裡的電器用品多不勝數，導致電線、延長線滿地亂爬，時不時糾結成一團，不僅有礙觀瞻、囤積灰塵、打掃不便，還有被絆倒的危險；電腦桌上的電線、充電線、耳機線，也總是你纏繞我、我纏繞你地打結糾纏在一起，分不清楚誰是誰。到底這些密密麻麻的電線該如何整理，才能一勞永逸？

🪝 看不見線材的裝潢設計

　　裝潢做得好，贏在收納的起跑點，若能設計一個能夠收納電線的電視牆，將這些煩人的線材做隱藏式的收納，避免雜亂的線材裸露之餘，牆面中間還可以成為電器的收納櫃，用來放置CD、DVD播放器，客廳的精簡度大增，賦予空間更大的機能彈性。

🪝 隱藏線材的收納道具

　　除了從裝潢上下功夫，收納專家提供了許多的辦法，如果是一般線材外露的住家，仍然可以將它們藏匿到視線之外。

　　有鑑於電線實在是眾多人家的收納大敵，市面上其實已存在許久各種電線收納商品，例如：電線收納夾、電線收納盒，都是價格便宜，又可以替你好好打理一下電線的專門產品。

捲線器

家政女王の小道具

捲線器有各種造型，可依空間風格做挑選

121

將電線繞成一個個大小相同的圈圈，再用小夾子夾在一起，避免散開，是最常見的收納電線方式，做法簡單，效果立即可見。

為電線專門設計出的電線收納盒，上方有一條一條的開孔，可將電線從中拉出，其餘的凌亂部分則留在盒子中，看起來相當整齊。

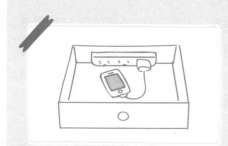

與其將延長線放在室內生灰塵，不如黏貼在抽屜的最深處，設立一個充電專用的抽屜，手機充電時可以安安穩穩的躺在裡頭。

廁所衛生紙使用完畢，會剩下咖啡色紙捲，這些紙捲留下來妙用無窮，例如用來收納一綑一綑的電線，不用再擔心它們互相糾纏。也可以利用麥克筆在圓筒內側上端，標註上手機充電線、傳輸線、電腦線……等等名稱，讓找尋時更好辨認。

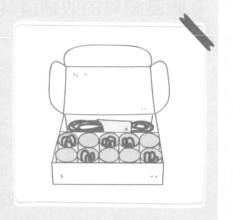

▲ 收納礙眼的電線，有不少招數

Smart! 收納偷吃步

勿大力凹折電線

當我們為了收納而將電線彎曲，注意維持一定的鬆度，不要為了節省空間，過份拉扯或凹折電線，電線因為外力而斷裂，可能會走火。

常用的充電線掛在醒目之處

　　收納時，不只是要求視覺上的整齊美觀，還要兼顧取用上的便利性，因此將所有的物品都收進櫥櫃裡，不見得是最好的收納方式。

　　也可以善用視覺所能及的空間，來進行常用物件的收納。

　　充電線是許多電子、電力產品必備的周邊，收納時，如果是最常用到的充電線，比方說日日不可缺的手機充電

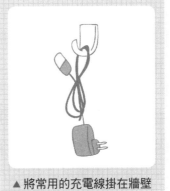

▲ 將常用的充電線掛在牆壁

線，應該與其它較不常使用的電線分開收納，才不會導致每次需要用到時，都必須在一堆電線中找尋。

　　這裡有一個聰明的小撇步，那就是直接把它利用壁上小勾勾掛在一處隨手可得的牆壁面，例如：電腦桌四周、床頭旁邊……等等地方，需要充電時信手捻來，也不需擔心又要遍尋不著。

展示櫃
物以類聚，賞心悅目非難事

在一份知名家居大賣場所做的調查中發現，5～7坪為台灣客廳的平均面積，除了招待來客、觀賞影音，台灣人亦喜歡在這個空間展示自己的收藏。

此外，調查顯示，超過七成的民眾承認，自家客廳到處散落著小物品；近五成的民眾則認為，客廳儲物櫃中堆滿了雜物，需要更棒的收納方式。

隱藏式收納，開放式展示

你是藏書量豐富的文藝美少女嗎？或是看見漂亮杯碗盤皿就忍不住購回的餐具收藏家？還是擁有許多充滿回憶紀念品的旅行浪人？心愛收藏品多的人們，該怎麼做到完美收納呢？

無論是機能式的隱藏收納，還是開放式的展示空間，系統櫃的多元應用，近年已成室內設計的重要素材。

系統櫃的規劃，主要考量屋主的日常動線，與空間實際機能的搭配，設計師需善用材質與色彩的整合，在兼顧實用性與耐用度的考量下，力求同時呈現出美感與俐落。

開放式勝出的展示櫃規劃

收納達人告訴大家，「開放式收納」反而很適合展示品特別多的屋主，這點你想都沒想到吧！

別以為隱藏式收納才是解決亂象的唯一途徑，雖然開放式收納

需要的事前規劃與技巧遠遠大過隱藏式，但是只要規劃的完善，便能夠拉長整體空間延伸感，造成坪數增大的錯覺，前提是需要經過審慎的計劃，否則唯恐亂上加亂。

將物品通通擺出，能營造出「數大就是美」的視覺效果，為了避免開放式收納產生凌亂感，把尺寸相仿、顏色相近的物品擺在一起，是開放式收納的基本手法。

而在組合展示層架中，幾格收包包、幾格擺娃娃、幾格放收集的杯盤，混合不同主題性，也能增加豐富程度，精彩、整齊兼備，空間視覺再上一層樓，收納還能兼具展示的作用！

把心愛的收藏、光榮的獎杯、旅行的紀念……種種上了台面的物品，放到玻璃櫃或邊桌上好好展示，讓來訪親友能恣意欣賞；而零碎小物、雜七雜八的東西，就擺到眼睛看不見的置物櫃中，讓物品各就各位，隱藏式與開放式收納並用，家裡處處是風景，別忘了定期彈灰塵，才能讓心愛的寶貝永遠閃亮亮唷！

▲ 同類物品放在一起，展示櫃不雜亂

公仔、娃娃
珍愛無價，收藏有道

家裡如果有成長中的兒童，就免不了的一定有許多的填充玩偶和芭比娃娃；即便是長大成人，還是有些玩家維持蒐藏特定娃娃或公仔作為消遣。

這些佔空間的玩具收納，是讓爸爸媽媽或收藏家們相當頭疼的事情，其實，只要抓住幾個基本原則，再加上一些巧思、創意，讓寶貝玩偶、公仔們擁有自己愛的小窩，主人整理起來，也能夠更加地輕鬆愉快唷！

玩具收納Point

私人的娃娃、玩偶、公仔，也可以帶進個人臥房做收納；又或者是根據主人的習慣，決定將這些收藏品擺放在客廳、書房或寢室裡面。選定了收納的地點後，再好好審視空間條件，規劃出最恰當的收納方法。

垂直收納玩具

在有限的室內空間，任何一個平面都是彌足珍貴，因此拓展另類收納的好地方就變得十分重要。

無論是壁掛收納籃、門上收納鞋袋、圍巾專用圈圈架、玩偶專屬鞦韆架……種種能夠垂直吊掛玩具們的收納產品，都可以利用上牆面的垂直空間，節省平行空間。讓可愛的玩偶排排坐好，好似是一群乖小孩，整個房間也看起來更有生命力！

▲ 各就各位坐定位的可愛絨毛玩偶

將同性質的收藏擺在一起

　　將玩偶做好分類，是有助於視覺整齊一致的大原則；絨毛娃娃放在絨毛娃娃籃裡、芭比放在芭比袋裡、公仔放在公仔櫃裡，不但能增加物件的秩序感，也讓主人整理起來不複雜！

時時汰換、出售

　　偶而將那些不再把玩的玩偶清理出來，好好地說再見、排解掉捨不得的思緒後，捐送給有需要的小朋友們，不但空間看起來更清爽，溫暖的愛心，更是把每個受到幫助的人都填得滿滿的喔！

娃娃的愛護守則

　　成為娃娃的主人以後，就要善盡照顧的責任！任何材質的娃娃在經過暴露空氣、夜夜擁抱之後，日積月累總會沾染上各式髒污，內部填充物由於擠壓也會不再膨鬆或者縫線綻開。每隔一段時間，仔細檢視娃娃的狀況是必要的，若玩偶身上有破損傷口，要加以修補，以免越裂越大、清潔不易。

飲食勿近娃娃身

　　喜歡邊吃東西、邊抱娃娃的主人，要注意這是一個不良的習慣，食物殘漬是玩偶的大敵，它們的氣味會導致娃娃散發異味，它們的黏性會使棉屑、髒東西容易沾附在娃娃身上，變得不好清洗，甚至留下無法抹滅的痕跡。

當心幼童、寵物來肆虐

　　手感舒適的毛絨玩具，一直都是大人與小朋友的最愛，然而孩童往往太過於熱情、好動，無法掌握適當力道來對待玩偶，一不小心就造成娃娃身體殘缺；此外，有些寵物正值長牙期，見到任何東西都牙癢癢，禁不住又咬又扯，導致玩偶破爛不堪……不論是手工或機器生產的娃娃，都不能粗暴對待，尤其裁片和裁片的縫合處，若是過度的拉扯或甩動，都非常容易斷裂，娃娃內部填充物也會經由再三蹂躪而易位變形！

　　已經受傷的娃娃，要盡快修補好，否則會增加日後補救的難度，修護效果也會打折扣。俗話說：預防勝於治療，主人必須教導孩童與寵物溫柔地對待娃娃，若真的無法和平相處，主人只好替玩偶另尋一個安全地帶，擺在較高處、較隱蔽的地方，避免禍害。

參閱詳細洗滌方法

　　購買玩偶時，注意其身上是否有標示清潔方式說明，若沒有特別註明，則記得向店家詢問如何保養清洗。清洗娃娃的週期，依各種不同材質而定，過度的清洗小心弄巧成拙，減少娃娃的壽命，無論是洗滌次數上、或浸泡的時間上，都應該使用最正確的打理方式，才能妥善保護娃娃不受傷害。

　　此外，若發生突如其來的嚴重汙損，當然要立即處理，才不至

於喪失搶救的最佳「黃金時機」；因此，什麼樣的材質，適用什麼樣的清潔劑、清潔方式，都是娃娃買來時便需要事先做好的功課。

收納環境要慎重

不要將玩偶放在潮濕的地方，否則容易使娃娃受潮、發霉；不要放在煙霧瀰漫的地方，例如：吸菸區、廚房附近，娃娃纖維若附著上油煙容易變色、發臭，甚至玩偶纖毛摸起來黏膩噁心。

不要放在陽光曝曬之處，娃娃容易褪色；不要在娃娃身上壓放重物，容易使它變型；不要把娃娃硬塞進擁擠的收納箱、衣櫃，內部棉花若失去彈性，會變得不好抱……以上都是打造娃娃的家前，需要注意到的眉眉角角。

Smart! 收納偷吃步

玩偶遠離高溫電器

大部分娃娃的材質，都是屬於易燃物品，絕對要小心熨斗、除濕機、電暖器等等高溫電器用品，否則容易燃燒，威脅到居家的安危。

資深的玩偶更小心呵護

上了年紀的娃娃們，因為纖維老化容易斷裂，除了注意前列的照顧守則，盡量避免造成再多的汙損，有些處理方式只能消極作為，由於資深娃娃禁不起太多的洗滌與縫縫補補，可能會承受不起大動作護理而更減壽命。

每個玩偶都是我們的好朋友，雖然無法交談，但總是默默陪伴著，想要和它們在一起更長的時間，需要小主人的悉心照顧，絕不能偷懶，相信一切努力都是值回票價的。

🗄 公仔的不貶值策略

公仔小確幸如此風行，就連便利商店集點活動，都可以換得造型討喜的免費公仔，擁有玩具不是小孩的專利，也有不少大人當成收藏品來保存收納。

做為一個模型公仔愛好者，都希望自己辛苦製成的模型，或限量版公仔能夠長久如新，那麼就需要做好一項工作：保養模型，現在就一起來學習公仔模型的保養方法：

▲ 公仔總造成群眾爭相搶購、兌換

沙發區

方法1：避免強光照射

不論是建築模型、車體模型、PVC公仔，它們最怕的就是陽光，太陽光線會造成所謂的「日照損壞」，長期的曝曬，很容易造成外觀變形、底盤脆化，模型本身塗料也會發生嚴重的褪色。

方法2：隔絕潮濕高溫

一般常見的模型公仔，材質大多為塑膠製，因此潮濕與高溫也會深深影響它們，建議玩家可以用密閉玻璃櫃、壓克力展示櫃做收納，除了防止潮濕及灰塵入侵，同時亦可避免塑膠味四處瀰漫。

有些玩家會將較珍貴的模型，比照高單價攝影器材，放入防潮箱內保存，新手玩家需特別注意的是，濕度設定在40%～50%左右最為適中，太乾燥也會使部分材質提早劣化。

方法3：防範人為破壞

如非必要，盡量少攜帶模型、公仔們外出，戶外有許多無法預

知的人為危險。伸手拿取模型、公仔時，最好帶著棉質白手套，避免指甲去刮傷表面和塗料，或掌心油脂、濕氣接觸到公仔。

方法4：灰塵仔細清潔

平時收納公仔時，盡量將它們擺放在落塵較少之處，並裁切透明包裝紙或透明書套，黏貼櫃子上形成一層保護膜，阻絕灰塵的飄入，依然可以透過透明隔層，展示心愛玩具。

此外，相機器材中有一種「空氣吹塵球」，以手按壓會有風吹出，模型清理達人建議，用它來吹拂公仔表面，可以有效地清除落塵；而比較難以清除的縫隙，則再搭配相機專用的「軟刷毛」或「軟性毛筆」做拂拭即可。千萬不要直接用清水沖洗或其他溶劑擦拭，否則恐怕會嚴重破壞模型、公仔的表面塗料。

空氣吹塵球

家政女王の小道具

輕輕一壓，吹走堆積的灰塵

方法5：透透氣通通風

有的玩具愛好者抱持著「不拆主義」，崇尚這一種收藏方式的人，記得偶爾也要開封，讓模型或公仔透透氣，再重新闔上保護蓋，因為公仔塗有的塑膠原料本身就具有揮發性，若長期不通風會導致表層變質。

Smart! 收納偷吃步

公仔的價值可翻數倍

許多玩具不僅具有時代意義，甚至有「升值」的功能，公仔若保存得完善，未來若考慮轉手讓人，售出的價格也可以喊得比較高。

玄關，就像家的門面，除了扮演室內、室外出入口的角色，同時也是給人初步印象的場所，來訪的人快速瞄一眼玄關，約莫就能對這家人有了基本觀感。

　　好的玄關設計，讓人踏進門就立即感受到主人的居家風格品味。因此，除了動線與機能，門面美觀是另一個在設計玄關收納空間時的重要考量。

🏠 小玄關大功能

　　玄關的空間小小的，卻是人來人往的交通要道，進出時會在這個區塊換穿鞋子、整理衣容、放置鑰匙、拿取雨具等等，若是設計得不夠乾淨與俐落，會顯得促狹並影響出入動線。

　　玄關最大的功用就是收納鞋帽、鑰匙、包包、印鑑……等等小物品，因此，它需要有「麻雀雖小，五臟俱全」的超強收納機能，滿足一家大小進進出出時，每雙鞋子、大衣、帽子、雨傘、鑰匙……甚至室內裝飾品的陳列需求。

　　規劃玄關時，需要思考到個人的生活習慣，搭配整體居家風格，對算命有興趣的民眾，甚至會有某些風水上的顧慮，其佔據面積雖然不大，卻需要花費不少心思。

　　據統計，最常見的玄關收納困擾有：鞋櫃擺不下日益增加的無數鞋子怎麼辦？有沒有必要專程買一個雨傘架？鑰匙那麼迷你藏在哪裡才不會失蹤？帳單又該收在哪裡才不容易忘記？如何整理能讓玄關看起來整齊無雜亂感？

　　搭配格局、色系、空間，選擇合適的玄關家具，收納做到一百分，讓你順手就能找到需要的物件，不再慌張忙亂地花大把時間找鑰匙，就有更多充裕的時間可以優雅愜意地慢慢出門。

　　關於玄關的收納，專家有以下幾點建議：

多多安裝掛鉤

在櫃門上、牆上安裝各種掛鉤，抽屜裡也增加各式隔板，把從地面到天花板的空位都好好利用，便能獲得大量儲物空間。

玄關櫃的材質請講究

玄關櫃是每天進出門戶都會動用到的收納櫃體，建議主人在裝潢時選用材質好一點的木頭、五金、滑軌、把手，稍稍增加預算，大幅延長玄關櫃的使用壽命。

思索雜物的歸處

設計玄關櫃的時候，只顧著規劃鞋子是不夠的，還要預先瞭解有哪些項目會放在這一區，舉凡外套、鑰匙、零錢，甚至是貓狗項圈，才不會讓玄關變亂。

照明充足不幽暗

回家的時刻，室內都是一片黑暗，所以玄關的照明相當重要，透過天花板嵌燈，或者玄關櫃上的展示用燈，都可以作為家人在進門時的引導亮源。

Smart!
收納偷吃步

玄關在風水上的重要意涵

玄關是進入大門後的第一道屏障，最大的風水作用，是用來阻擋化解屋外直沖大門的煞氣，具有緩和內外氣場、聚氣的作用。

鞋子
穿出門的頻率，決定收納的方式

　　流行的鞋款每一年、每一季推陳出新，女孩的鞋櫃裡永遠少了一雙鞋子，而我們逛街的時候，也總是能為眼前的這一雙鞋，找到購入的完美藉口。

　　回過頭，只見成山的鞋子就在那燈火闌珊處，對著又在掏錢買鞋的你嘆氣，早就闔不上的鞋櫃，成員只有增加沒有減少。

　　現代富裕的男男女女，不少人都是愛鞋人士，不僅穿出門的鞋多不勝數，有的人甚至還會買鞋不穿收藏用，我們特別整理了許多巧妙收納鞋子的點子，讓這些範例為「蜈蚣」們帶來靈感，替自己的寶貝鞋子們，找到合適的收納方式。

　　亂七八糟的鞋子散落滿地，靠在牆邊的雨傘動不動就倒，整個玄關又擠又難走，鞋櫃若設計不完善，便要面對到上述各種亂象，如何規劃一個優秀的鞋櫃，讓五花八門的鞋款完美收納呢？

▲ 鞋櫃的分層收納

玄關

鞋櫃好設計

一雙鞋子的平均高度，普遍不會超過18公分，因此鞋櫃的單層高度通常設定在24公分左右為佳，大約多出一個拳頭的空間，是為了讓主人的手可以穿梭做收與拿的動作；另外，深度同樣依常見鞋子的大小，規劃在38～40公分之間。

此外，為了因應男鞋、女鞋有高低上的落差，建議在設計鞋櫃或挑選鞋櫃時，採用可調整式隔層，讓層板方便依照鞋子高度移動間距，擺放時便能依照性別將鞋子分層放置。例如：女人的平底鞋放在13公分高的那層，高跟鞋放在16公分高的那層，男人的大球鞋則放在20公分高的那層，這樣的彈性運用不僅是提升了鞋櫃的效能，也能應對將來添購不同鞋款的可能性。

依穿著頻率收納鞋子

與衣櫃的收納原則大同小異，越常穿著使用到的物件，擺放在越方便拿取的地方；而最常穿到的鞋子，則主要分配在與胸口平行的位置，其餘的再擺放在高處與低處，其中又以重量輕盈的擺放上層、較具重量的擺放下層，是為了減少櫃體承受的負擔，降低鞋櫃的使用耗損。

除了根據頻率收納鞋之外，季節性也是擺放鞋子的參考之一，可以將當季要穿的鞋子放在鞋櫃，其他的鞋子先收進儲藏

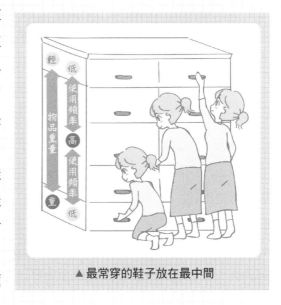

▲ 最常穿的鞋子放在最中間

室，季節輪替時再取出調換。收納達人表示，家中更衣室的衣櫃下方，在訂製時，不妨可以預留最下方的空間，收藏非當季的、平日較少穿的鞋子，透過擺放與排列，即使鞋盒外露也有齊整感。

Smart!
收納偷吃步

鞋子的分區放置法

如果鞋子能集中收納最好，若空間不足，則只能採取分區放置：常穿的鞋子放在靠近動線的鞋櫃，其餘則置入更衣室或其他區域。

保持鞋櫃氣味清爽

進屋後脫下鞋，別急著將鞋子立即放進鞋櫃中，先將它們擺在入門處地板上透透氣，等味道散去再收納，下雨天的濕鞋子也建議暫放此處，平時則可擺放室內拖鞋，方便回家後的換穿。

玄關處常見的收納櫃體，除了鞋櫃，也可能結合雨傘、雨衣收納，甚至還有寵物貓的砂盆安裝，若是完全密閉設計，櫃內的氣味免不了會香味、臭味交織，記得在玄關櫃的上下鑿穿一些透氣孔，搭配每日開闔，幫助櫃體換氣，盡可能地讓櫃子保持清爽無怪味。

此外，已經深受鞋櫃異味困擾的民眾，也可以學學以下這些日本主婦愛用的妙招，來清除一打開櫃子那撲鼻的難聞味道：

1. 硬幣

硬幣中的銅離子，具有殺菌的作用，可抑制臭味滋生。在硬幣的選擇上，建議1元或50元，它們的銅含量最高，相較於其他硬幣效果也會更出色。

2. 茶包、咖啡渣

將瀝乾後的茶包放入鞋子內，不但吸附鞋中臭味，還能達到除溼的效用。煮完咖啡之後的咖啡渣也是同樣的道理。

3. 小蘇打粉

倒入適量小蘇打粉進去舊襪子內，束緊襪子開口之後，放入鞋子裡面，能有效去除臭味，更可以順便吸附鞋中的濕氣。

4. 報紙

將報紙揉成一團團小球塞入鞋中，可以吸附濕氣，而報紙上覆滿的油墨含有碳，也有吸附異味的功能，可說是妙用無窮。

5. 檸檬汁

用小塊方巾沾取檸檬汁，並放入鞋中，可以有效地中和異味，達到去臭的效果。此外，不只是檸檬汁，只要是柑橘類的水果，都是天然的除臭劑。

自製透明鞋盒so easy

購買鞋子時，都會贈送一個鞋盒，有人認為鞋盒佔空間，總是用最快的速度丟棄，但其實鞋盒也有收納妙用，較常穿的鞋子可以直接擺放在鞋櫃，穿出門頻率較少的則可以收納在鞋盒中、放置高櫃，一方面避免視覺上眼花撩亂，一方面防止落塵堆積；又或者是將不常穿的鞋收進鞋盒，上頭再擺放常穿的鞋，是為「雙層收納」。

透明自製鞋盒

家政女王の小道具

看得清盒中鞋

然而，若是直接將鞋子收納其中，時間一久，忘記哪盒裝了哪雙鞋，還要一個個掀開查看，非常的自討罪受。其實，只要在盒子上面動一點手腳，挖一個洞，在洞上覆蓋住一張透明的紙片防塵，透明鞋盒自製完畢，鞋盒內的東西便清晰可見了，真是一個聰明絕頂的好方法呢！

👔 東倒西歪的靴子

對付靴子沒擺正便會日漸軟爛的難題，除了眾所皆知的鞋拔、寶特瓶……等等好物，可以插在靴子中，避免它們東倒西歪，其實有一個更簡便的方式，那就是利用衣架與衣夾，直接將靴子一雙雙吊起來，對抗地心引力，放置再久依然挺拔有型！

▲ 靴子也可以直接吊起來

👔 收納鞋子的聖品—鞋架

高根鞋架

家政女王の小道具

運用L夾設立一個待辦區

很多鞋櫃之所以看起來大，卻容不下多少鞋子，是因為其只收納了「半個鞋櫃」，將鞋子擺放進去後，鞋子上方多出來的空間，都徹底地被浪費了。除了利用移動式的隔板，將每一層收納的高度算的最精準，這邊推薦讀者另一個幫助你充分利用鞋櫃空間的小道具：「鞋架」，將一雙原本只能平行收納的鞋，做垂直式的收納，多出來的鞋櫃區域，讓你馬上能夠再收進雙倍的鞋！

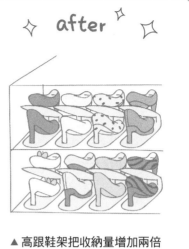

▲ 高跟鞋架把收納量增加兩倍

👕 懸掛式收納室內拖鞋

別忘了門上的位置，是最容易受人遺忘的收納空間。鞋櫃門打開之後，兩片櫃門上面的空白，都是我們可以好好發揮的地方，運用S型掛勾，由門片上端懸掛到最下端，可以吊掛好幾雙的室內拖，室內拖質地輕盈，亦不會造成開關鞋櫃門時的困擾，也節省了進門處擺放拖鞋的空間，感覺更加清爽。

👕 床下也能收納鞋

高度淺淺的床下空間容易被人忽略，

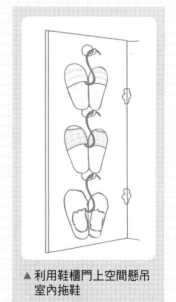

▲ 利用鞋櫃門上空間懸吊室內拖鞋

只要花點時間清空地面灰塵，就能簡單擺放進室內拖鞋，或是收納不常穿的鞋款，讓鞋子收納空間延伸至房間各處。

鑰匙
收納固定位，嚴防失憶

每天出門、回家都會用來開關門的鑰匙，雖然有人會習慣性將一整串放在包包裡，殊不知只要臨時換個包包，不留意就會忘了把鑰匙帶出門，事發當日如果幸運些，只是被關在門外幾分鐘，慘一點還要花錢請鎖匠開鎖！

於是，像這種出門必備的小東西，建議可以擺放在玄關處，只要出門就一定會經過的區域，不怕誰將它再搞丟。

而為了避免身形嬌小的鑰匙會被其它大件物品給淹沒，建議將它個別吊起來，動動手在隱蔽的抽屜中，黏貼幾個「小鉤鉤」或是「磁鐵」，當作鑰匙的家，固定的位置，讓家人再也不需為了找一把鑰匙而焦頭爛額。

此外，如果你是記憶力真的頗差的健忘一族，也可以掛在牆上、門邊，走出門之前鑰匙映入眼簾，正是貼心的小提醒。

▲ 抽屜裡的小巧思

（ 急救箱＋防災用品 ）
緊記位置，務必齊全

　　玄關處，通常也收納著各種家人共享的生活日常小物件，像是棉花棒、指甲剪、耳挖子、藥膏、OK繃、電話簿……等，都放入有隔板的收納盒裡。

Smart!
收納偷吃步

資源回收的收納再利用
優格杯子、盒裝豆花、鮪魚罐頭，吃完之後將這些容器洗淨、擦乾，即可用來整理印章、橡皮筋、小夾子，抽屜不再變成雜物堆。

　　家家戶戶必備，重要性極高的急救箱、醫藥箱、防災袋，也以玄關處收納最為恰當，緊急時刻馬上知道去哪兒取用；醫藥箱內的藥膏、藥水，以及防災袋裡食用乾糧，最好皆用油性簽字筆寫上有效期限，時間一到就替換掉，避免服下過期品，造成中毒。

▲ 需備齊的防災用具

My廚房！
烹飪小尖兵的鍋、碗、瓢、盆井然有序

水滴、油漬危機四伏，
蟑螂、老鼠覬覦食材，
暗藏在廚房的各種收納危機！
快根據動線給廚房完善的空間規劃，
立即成為五星級大廚，美味佳餚上菜不用再憑空想像！

廚房關卡！
收納達人の養成

Start

level
1

鍋具 高矮胖瘦如何搞定？ P.149

level
2

刀具 傳說中的一字排開？ P.153

level
3

餐具 刀叉湯匙大家族？ P.160

level
4

消耗品 隨手抽取順順順？ P.172

level
5

冰箱 食物夠多不怕餓？ P.176

Stage Complete！

要做出一道道全家搶食讚嘆的美味佳餚，先學習廚房收納技巧是必要的，無論刀功、炒菜手藝、煲湯技術再怎麼一流，身處在凌亂不堪的廚房，實力也無從恣意揮灑。

因此，烹飪飯菜的第一先決要件，是做好廚房的清潔與收納，這將會讓你的料理實力如虎添翼。

可別懷抱迷思認為典型的廚房就必然油膩髒亂，在日本，有不少家政婦的廚房就像其他房間一樣整齊乾淨，只要運用各種聰明收納設計、正確拿捏收納方式，並多多使用收納小物，就能把各種鍋具、碗盤、刀叉、器皿、調味罐、食材……在坪數狹小的廚房中，井井有條的陳列收藏。

包羅萬象的廚房用具

整理前，建議先將廚房櫥櫃內所有物件搬出，平鋪在地面，才能夠清楚分類品項、計算數量，進而篩選過濾需要留下來的器皿。

廚房

Smart!
收納偷吃步

冷門的廚房用具要精簡

不頻繁用到的廚具、餐具，例如蛋糕鏟、刨刀、砂鍋……等等，盡可能地每種保留1～2個即可，避免浪費廚房中的有限收納空間。

仔細算一算所有的鍋碗瓢盆，少說總共20來個，多的50、60個也不奇怪；加上烘碗機裡的餐盤、杯具、大小湯杓、筷子；再看看檯面上各式刀具、削皮器、生食與熟食鉆板；更遑論用途不一的鍋子、材質相異的鍋鏟；還有洗菜網籃、洗碗精、菜瓜布、抹布；講究的生活家甚至有微波爐、烤箱、咖啡機、榨汁機……族繁不及備載！本區物件的複雜度當真不容小覷啊！

收納容器風格統一

廚房物品的多與雜，令人大開眼界，然而卻樣樣都有其必要性，要淘汰至精簡，就像不可能的任務，還怎麼追求整齊呢？

東西不能精簡，就從視覺上精簡起吧！像是筷子、湯匙、叉子等等小件餐具，可以選擇以同款的竹編籃子來收放，風格上統一，也防止沾染上灰塵。

而家庭號的香料、調味料、包裝袋顏色雜亂的乾貨，也特地挑選漂亮的真空玻璃罐，一一分裝後，再整齊地排列收納；相同的收納容器，美觀更超群，是高明、省事的小竅門。常常去逛居家生活大賣場的人，想必廚房擁有不少這樣的玻璃罐，輕鬆把調味料或乾貨食品貯藏好。

透明的瓶身讓下廚者快速辨認內容物，有的貼心設計會印上食物名稱，例如：「咖哩塊」、「sugar」、「salt」，找尋起來更有效率，若為英文字樣也有很棒的裝飾效果；重點是，不用花到天價，就能幫視覺加分，廚房質感大大提升。

擺放時，調味罐可先依照瓶罐高矮、胖瘦分類，龜毛一點再細分形狀和顏色，分類好之後放置在小側拉櫃裡，上層放重量較輕的小瓶鹽罐、糖罐、香料罐，下層則放較重的大瓶醬油、米酒，並依照自己的料理習慣做調整。

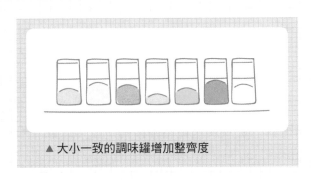

▲ 大小一致的調味罐增加整齊度

根據「料理動線」來規劃廚房收納
不走冤枉路的收納哲學

　　準備好好大展絕世廚藝，卻老是把鹽巴當作糖、要醬油拿成醋嗎？或者光是找個湯鍋10分鐘就過去了？手忙腳亂已經是你做菜、做飯時候的常態？

　　使用廚具時能隨手一撈就取出，是廚房收納的大原則。餐餐派上用場的物品，最好置於伸手就容易拿取的地方，不經常用者則放在櫃子上方或底層，針對烹飪時的使用頻率與順手與否去評估，思考收納的動線相當重要，效率一旦提升，隨時保持廚房乾淨、整齊，就沒有那麼地困難重重。

廚房三大區，動線好方便

　　不僅僅是使用頻率，廚房中的收納設計，若依循取物、清理、備料、烹調時的動線考量為出發點，在每個區域裡事先擺放好各類型廚具，不移動身體也能馬上取得所需，更能提升下廚時候的速率，輕鬆做好料。

　　眾所周知，廚房收納系統如果沒規劃好，空間再大也是混亂，在急需時永遠找不到想要的那一樣。所以，依自己的生活習慣將廚房物件分類好，將物品透過有效的管理，輔以適當的系統櫥櫃，便能將收納量提升，最重要是更容易搜尋、拿取，讓下廚時各項步驟更得心應手。

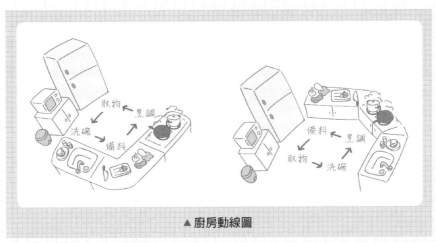

▲ 廚房動線圖

　　廚房說大不大、說小不小，大致上可以分成清洗區、備料區、煮食區三大區塊，依照料理流程，在幾個分區內，分別擺放專屬廚具，是收納的要領之一。以下是廚房收納達人給大家的廚房物品收納建議：

1. 清洗區（洗碗槽區）

　　代表物：洗菜盆、洗菜籃、洗碗精、肥皂、菜瓜布、棕刷、抹布、水晶肥皂、水槽濾網、洗手乳等。

2. 備料區（刀區、砧板區）

　　代表物：菜刀、肉刀、各種刀具、砧板、秤重器、計時器、塑膠袋、保鮮膜、鋁箔紙等。

3. 煮食區（瓦斯爐區）

　　代表物：平底鍋、炒菜鍋、鍋鏟、電鍋、飯勺、湯鍋、湯勺、各式鍋具、調味料、碗盤等。

下廚時，抓準烹調時間很重要，多一分、少一秒都可能影響到成果，分秒必爭的時候，調味罐理應信手就拈來，所以可在爐台檯面下設計拉式抽屜，將平常常用的調味料整齊排列，與煮菜時的爐台最為靠近，只要拉開抽屜就能拿到，不用耽誤料理的時間。

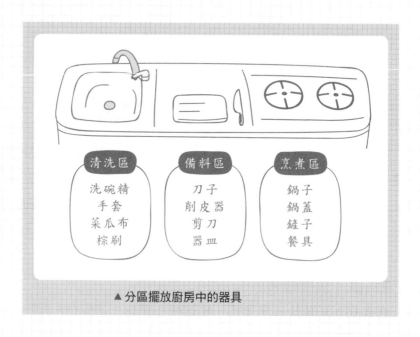

▲ 分區擺放廚房中的器具

　　善用此一原則，以此類推，開始排列自己的廚具，讓每件物品都擺放在它們的使用範圍內，善用隱藏小空間，節省不必要產生的雜亂，整理出屬於自己的大廚房。

越來越風行的餐廚合一

所謂「餐廚合一」就是餐廳結合廚房，因應小坪數的有限空間之餘，做菜時可以和外面的朋友互動，不會好像一個人悶在廚房裡面。

鍋具
鍋中鍋，俄羅斯娃娃廚具收納法

電鍋、砂鍋、炒鍋、蒸鍋、湯鍋……廚房內的鍋類百百種，各自單獨擺放，佔用的位置極大。

實際上，如果將形態相似的鍋體，從大到小疊放，像是俄羅斯娃娃一般，就能大大節約空間，而若是希望減輕鍋與鍋的摩擦，可在彼此之間墊兩張厚實的紙巾；鍋蓋則可運用文件夾直立起來，先放最小號鍋的鍋蓋，再放中號鍋的，最後放大號鍋的，一旦有了文件夾的補助以後，開關抽屜依然很穩定。

▲ 將鍋子一層層由大疊到小

淺鍋專用淺抽屜

就像是女性朋友的衣櫃一般，廚房永遠嫌不夠大，除了更多空間，你需要的是更聰明的廚房櫃體設計。

裝潢時，為避免浪費抽屜上方的空間，可以根據常用鍋子的尺寸，設計出一款淺抽屜，將各式淺鍋一層一層置入，充分利用每一寸抽屜空間；多出來的位置，亦可以用來擺放同樣高度較低的淺盤子。

▲ 開口通風的淺抽屜

👕 有大抽屜，鍋子直立擺放

　　將不同形態的鍋相疊，如果由於弧度不一而導致不易擺放，此時不要勉強，選擇一個大抽屜來放置更保險。

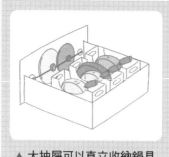
▲ 大抽屜可以直立收納鍋具

下層空櫃的自行分隔

　　通常下櫃的深度最深，間隔也最少，因此還有很大的空間可發揮，若利用得好則容納天下，最適合做為重量級鍋具的「休息區」，反之，利用得不好，空間也最容易被浪費掉。

大型書檔分隔術

　　在櫃體先天設計間隔少的情況下，自己動手DIY，進行空間分隔也是收納關鍵，除了做木工敲敲打打以外，市售的「大型書擋」、「資料夾」都是很棒的現成分隔架，尤其適合收納扁型的鍋子，例如平底鍋、炒菜鍋等等頻繁使用的鍋具，這些廚具若是交疊平放在櫥櫃，日日重複著取出再放回的動作，等於是給自己找麻煩，所以「垂直收納」的好處絕對是多過於平放。

▲ 善用隔板與盒子完美收納

透明收納盒分隔術

　　新型房屋洗碗槽下方的櫥櫃，若無汙垢的累積、不會過於潮

廚房

濕，也可以做為鍋具的收納之處，利用深度深如鍋具的「透明收納盒」，再添上一兩件輔助的道具，完美收納一整個廚房的鍋子，美觀上顯得天衣無縫。

空間許可內排兩列

此外可將空間分為靠內與向外兩排，較不經常用到的鍋具，可以置放在裡面那一排，天天會用到者則擺在外面那一排，如此一來，為了拿後排的東西而需要挪動前排的情形就會大為減少。

萬能毛巾架，收納鍋蓋恰恰好

將鍋具重疊收納後，多出來的鍋蓋，亦需要想想該如何整理，鍋蓋是進行鍋子收納時的一個小小阻礙，為了奉行俄羅斯娃娃式鍋具收納法，大部分的人會選擇將鍋體與鍋蓋分開做收納。

專用鍋蓋架

在鍋蓋收納困擾家庭主婦好多年之後，市面上已經出現「鍋蓋專用的架子」，選擇廚房邊牆或冰箱側邊，掛上這款鍋蓋專用的架子，就可以將鍋蓋一個一個擺上去，除了平時作為收納處所，烹飪時，需要燜食物，就順手一撈；食物燜熟後，打開鍋蓋，再隨手往架上一擺，再也不用面對鍋蓋無處放還燙到自己手的窘境，可謂也是下廚時的超級好幫手。

鍋蓋架

家政女王の
小道具

將鍋蓋整整齊齊擺放在牆上

自製鍋蓋架

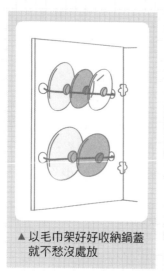

▲ 以毛巾架好好收納鍋蓋
就不愁沒處放

若是你家的廚房壁面空間沒有地方安插鍋蓋架，或是你常用的鍋蓋才兩三個，總覺得用不到大型的鍋蓋專用架，達人在這裡也提供了一項極聰明的鍋蓋收納小竅門，那就是將平價的「小型毛巾桿」自行加裝在側邊牆面、廚櫃門上，收整鍋蓋相當好用。

並且對於喜歡隱藏式收納的屋主來說，也是最好的選擇，門一關，鍋蓋就消失在視線之內，毛巾架可謂是隱藏式收納形形色色鍋蓋的絕佳法寶。

少量鍋蓋與盤子一同收納

如果你是外食族，家中成員不常常下廚，鍋具的數量稀少，一個鍋蓋便已經足以，那麼，其實不需要大費周章地去採購鍋蓋架，或者多此一舉裝置鍋蓋桿在廚房。適用於你家的方法是，鍋蓋清洗過後，與盤子一起直立收納在盤架上即可，好收、好拿、好通風。

Smart!
收納偷吃步

鍋蓋的輕鬆清潔術

油漬包覆的鍋蓋，多數人會用鋼刷刷洗，辛苦又吃力。其實有更好的方法，只要把鍋蓋放入滾水中煮沸，便有助油汙輕鬆分離。

刀具
一字型收納super clever

　　廚房抽屜外最多的就是刀具和餐具，決定了外觀的凌亂與否，別讓廚房僅僅只有「儲房」的功用，收納規劃絕不可馬虎，日本人維持廚房整齊的祕密就是「一字型收納法」，是被所有達人、專家公認為最適合廚房的收納型態。

▲ 廚房最適合一字型的收納方式

🧥 一字排開的便利與美觀

　　你覺得不可思議，還以為隱形收納才是搞定廚房收納的唯一辦法嗎？不同於其他廳室，廚房這個地方的物品，許多都經常會與水有接觸，因此要如何避免器皿潮濕，不意外的也成為課題之一，若能夠讓廚具在通風的地方與空氣流通，乾燥的速度想必會更快，因此，「開放式」也是廚房收納可考慮的方向。

　　而如何在開放的情況下，又不造成視覺混亂？「一字型收納」就是各路專家再三嘗試後得到的最佳答案，做的成功，它能夠讓廚房不至於過度死板，亂中有序，整齊中又帶有格調，比起空無一物的廚房還富有人情味。

　　所謂的一字型，就是將各項物品成排吊掛於廚房牆面，「立體收納」再結合「一字型收納」，不僅橫向排開、整整齊齊，開發了

廚房磁鐵條

家政女王の
小道具

刀具以磁貼吸附在牆上

閒置的牆壁空間，此外，拿取和歸位都更容易、更方便！

於是，讓我們瞧瞧一字收納法會運用到哪些小道具！

在廚房的牆壁上安裝一條專用磁鐵，吸附廚具中的鐵製品，例如：水果刀、大剪刀、鐵夾子；或是搭配掛勾吊掛鍋具、鍋鏟、砧板與湯杓，掛桿和掛勾就是廚房中最理想的收納小工具，任何東西只要往牆壁吊住、掛住、吸附住，幾秒鐘就歸位完畢，懶人都心甘情願做收納！

▲ 常使用的馬克杯直接懸吊起來

再小的廚房只要有心，也能變得清爽亮麗，除了磁鐵條，其他符合一字型排法的層板、壁架，都合理地規劃了空間，又同時是漂亮的裝飾品。

將自己喜愛的餐具器皿排排站，大大方方地展示出來，每天隨心情更換使用，被自己愛不釋手的東西所圍繞，是一件多麼幸福的事情！

Smart!
收納偷吃步　**層板減少壓迫感**

最常用的餐皿，可用牆上層板來收納，取用便利之餘，達人也補充：開放式的層板收納，比起封閉式的櫥櫃，給人的壓迫感更低。

瓶瓶罐罐
善用隔板，不浪費上上下下每一寸空間

　　廚房中最需要認真收納的是瓶瓶罐罐，而最容易被浪費到的空間，就是那些未經過聰明設計，因此每層高度皆相同、層板無法做調整的櫥櫃，往往在擺入所有的器皿雜項之後，總有其中幾層的正上方，呈現完全被空著養蚊子的狀態。

填補高處空間

　　懂得善用高度，才能真正有效的利用空間，而既然櫥櫃的設計是既定事實，就只能靠自己動動手變出各項「收納輔具」了：

ㄇ字型層架

　　ㄇ字型層架在各大居家賣場、五金雜貨店都有販賣，化一層櫥櫃為兩層，有效率地收納各種鍋盆碗盤，甚至能配合容器的高度進行調整。

　　而ㄇ字型層架上下層的物件，建議可以用使用頻繁度與重量作為區分，由於拿取下層的碗盤要小心碰掉上層物品，因此較不常使用的擺放下層為佳，其中又以重量輕者擺放上層為佳，以免載重太重層架變形。

ㄇ型層架可收納更多碗盤

廚房

活動式吊架

隨時可移動的櫥櫃吊架

活動式吊架

隨插即用的儲物架，充分利用被閒置的上方空間，與下方的器品做出分區，在使用上也更加順手。

不僅如此，將使用頻率較低的物件，收納在吊架上方，也可以免去拿取其他物品時，不斷被不常需要的品項給干擾，導致尋找常用物時的障礙。

除此之外，活動式吊架也省去安裝困難的煩惱，一秒鐘立即裝置完成，且能夠隨時調整擺放位置，即便日後派不上用場了，也可以拿去其他櫥櫃使用，收納舊報紙、書籍、文件、摺疊衣物……是一項低成本、耐用、萬能的收納道具。

活動式吊架的成本低廉，且到處都可以發現販售點，其唯一稍嫌缺點的部分為無法恣意地調整高低。因此，為了避免發生吊架與櫃中物品互相搶位，或者是掛上吊架後發生取物障礙等情形，去大賣場之前，最好事先丈量過自家櫥櫃的高低，並規劃好即將擺放在架上及下方的物品，以保有一隻手可以通過的空間為原則。

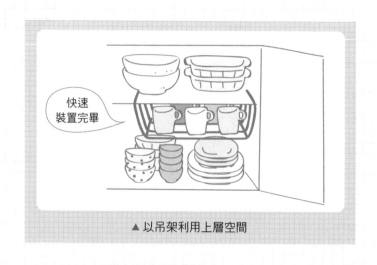

快速
裝置完畢

▲ 以吊架利用上層空間

各式收納盒子

附有盒蓋的收納盒子，建議用來收納使用頻率最低的物件，把物品放在盒子裡，蓋上蓋，盒蓋上頭又是一塊多出來的空間，可以堆疊再一層的容器。

▲ 不要浪費櫃子上方的空間

🧥 按使用頻率設定收納高度

　　如果你在廚房內經常需要跪在地上或是墊起腳尖，才能搆得著你需要的物品，就表示它們其實並沒有放在「最好的位置」。

　　將櫥櫃分成上、中、下三種高度，經常拿取的餐廚具或調味料，就要擺在最低的櫃子裡，也就是腳底貼住地面都能直接拿取的高度，對於正在下廚的人來說，就不會造成任何不便。偶而使用的器具，則擺在需要稍微踮腳、彎下腰的分層；極少使用的物件則擺在最高的櫃子，同時作為展示用途。

Smart!
收納偷吃步

餐具底部需鋪防滑墊

收納餐具、杯具的櫥櫃底部，最好鋪一層防滑墊，避免拉開抽屜、移動器皿的過程中，造成其他容器的走位，或是不注意的損傷。

🧥 全拉式抽屜

　　通常在低處的抽屜，較不會遇上搆不著內容物的困擾，而高處櫥櫃就常常遇到，除非擁有姚明的身高，否則要雙眼看清櫃中物，有高度上的困難。一般身高的我們，通常需要樓梯或矮凳子的協助，才能去拿取物件，而在這個取物的過程中，搖搖晃晃，一不小心若是跌下來，或者翻倒東西，甚至有受傷的可能性。

　　在廚房中，利用「高處櫃子」再搭配上「全拉式的抽屜」，也是廚房收納的絕佳好設計。因為全拉式的抽屜，可以一次拉出整個抽屜的東西，即使是放在最深處的物品，也可以一拉拉到眼前來，讓你一次看到櫃子內收納的食品乾貨或是瓶瓶罐罐，拿取物件不受到任何阻礙，亦無須擔心成為廚房中的傷兵。

廚房

🏠 小空隙再開發

現在在許多傢俱賣場中，都有專以「收納」為主題設計的物件，比如說：「隙縫拉籃」、「扁型垃圾箱」，或是廚房裝潢時做上的「側邊窄抽屜」，這些商品之所以會誕生，都是為了讓屋主竭盡最大值地去利用每一個小空間。

▲ 廚房側邊窄抽屜是一種發揮空間極大值的設計

冰箱邊、櫥櫃旁……靈活使用廚房裡暗藏的各種「空隙」，增加置物面積、避免檯面混亂，在小家庭的廚房中扮演重要的收納關鍵。

此外，建議挑選類似冰箱或流理台顏色、質感的商品，即便是外露，也讓視線富有整齊感。

狹長的儲物空間，非常適合儲放廚房中偏小的罐狀物、瓶狀物，貼心的緩衝功能可避免過度的晃動，有效防止瓶罐側翻、醬料四溢等問題，不但使操作更為便捷精準，也增添備餐時的樂趣。

碗盤、杯具
易碎物品，請小心收納

擅於廚藝的人，往往走進日用品店，就被精緻的餐具給吸引，不知不覺便購買了數種花色的碗盤、筷子、刀叉、湯匙；然而，在小型家庭中，人口通常也才4～5位，招呼親友則是偶一為之的事，總不能將所有的餐具都拿出來使用。

碗盤疊放Tips

大大小小的碗盤餐具，尺寸、顏色不一，卻又非得集中在同個櫥櫃裡，這時候該如何妥善收納，就考驗著屋主們的智慧了。

款式統一

可別以為碗盤收納同樣得參考鍋具的「俄羅斯娃娃疊放法」，由大疊到小，雖然許多家庭主婦都有這項習慣，以為節省了位置，其實這種方式並無法真正有效地利用空間，另外取用碗盤的時候也相當辛苦。和鍋具收納全然不同的是，整理碗盤，勢必要將同一種款式堆疊在一塊兒。

希望餐具變得好看、好拿，第一步請先將不同樣貌的容器分類，例如：裝湯的大碗公擺一起、中小型的飯碗歸為一類、淺盤子疊成一堆……分類好之後再依照使用頻率和大小歸位。

此外，建議在購買碗盤時，同款準備較多數量，面對不同款的碗盤則稍微克制一下購物慾，若是能盡可能地統一款式，收納完成看起來會整齊很多。

A⁺ 整齊度大升級

||| before |||

雜七雜八

拿取
小心翼翼

✧ after ✧

分類明確

取用
更精準

▲ 勿將不同的碗盤疊放

重疊收納

　　杯子和碗盤都一樣屬於易碎物品，如果單個、單個收納在廚房抽屜中，最好依照容器尺寸，把抽屜自行分隔出大格小格，分別固定，擺入容器前，下方再加一片止滑墊會更加穩固；而需要大量堆疊收納時，建議挑選有把手的收納籃來做擺放，以籃子分類不同花紋的碗盤，整理時還可以整籃提起做移動。

交錯擺放

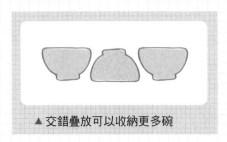

▲ 交錯疊放可以收納更多碗

不管是籃子裡的馬克杯可以卡三排，還是櫥櫃層架上的陶瓷碗可以收納五排五列，採用正反交錯的方式擺放，都可以增加廚房空間的使用率，並且讓它們更容易被集中管理。

露出後方

將碗盤收納進與視線平行的深櫃子時，建議將大型碗盤擺入較後側，小型的餐具擺放中間，醬料碟子等小型物件則擺在最前側，視野不被擋住，才可看清楚深處的物品，以避免尋物上的困難，或是取物過程中不慎將物品碰出、摔破。

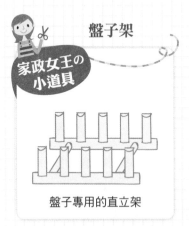

家政女王の小道具
盤子架
盤子專用的直立架

直立小道具

而收納盤子這種形體薄薄又容易碎裂的物品，免不了還是以「直立放置」最為適合。

為了省去翻找底部盤子的麻煩，忍受盤子互相接觸發出的刺耳聲音，還要擔心一個不小心將其摔破的痛苦，建議可以購入各種尺寸任君挑選的「盤子直立架」，將盤子一個個地立於架上，易於拿取之餘，也順道防止盤與盤之間的摩擦耗損，自然美觀感與整齊度更是大增。

廚房

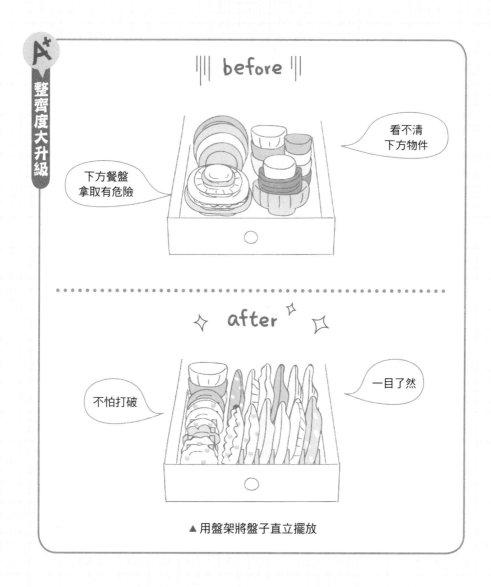

▲ 用盤架將盤子直立擺放

湯匙、筷子
分隔盤是抽屜內分類小幫手

日常生活中，吃飯就靠湯匙與筷子，作為我們飯桌上的重要工具，與健康息息相關。乾乾淨淨的餐具，讓我們把健康吃下肚，補充營養；骯髒的餐具則害我們吞下病菌，削弱我們的活力。

因此，在規劃這些小型餐具的收納時，不僅是美觀、便利、喜好，衛生也是需要考量的一大要項，收納方式若是不夠健全，便可能會招致病菌侵害人體。

乾燥收納，吃飯傢伙衛生100%

據了解，目前普通民眾家中的餐廳裡，家用筷子均以竹製和木製為主，少數也有鐵筷的使用，偏偏前兩者的材質最容易吸收水分，若長期用水洗滌，導致筷子的含水量特別高，更容易搖身一變成為細菌生長的溫床。

潮濕的筷子危機重重

大家通常習慣將湯匙、筷子清洗乾淨後，便放置在櫥櫃內，但餐具在沒有被完全晾乾之前，潮濕的儲存環境會讓筷子變質的機率提高五倍以上，容易導致生菌、發霉。

例如黃色葡萄球菌、大腸桿菌等，都是致癌性極強大的菌種，而筷子上的細菌和黴菌隨著食物進入人體，抵抗力弱的人吃完東西還可能導致感染性腹瀉、嘔吐。

定期消毒，晾乾步驟不可少

國內有衛生單位建議：每星期將湯匙、筷子以沸水煮20分鐘，掛在餐具架上晾乾燥，可以消毒、清除內部黴菌。

懸掛的過程中，專家建議筷子偏小的那頭朝上，有利於

▲ 刀、叉、湯匙、筷子收納前需先晾乾

水分的蒸發，筷子橫著放，不利於排水，更容易發黴。

平時清洗餐具更需徹底，要先將表面的食物殘渣沖掉，再加入洗碗精，用雙手仔細搓洗，若有烘碗機則放入烘乾，也可置於筒子裡瀝乾水分，再放進儲櫃抽屜；另外，筒子底部要有濾水設計避免濕漉漉，並且置於陰涼通風處。

為了讓長期儲存的過程中衛生達標，必須保證餐具是不帶水分的放置或儲藏，勿提供黴菌滋生的有利環境。

Smart!
收納偷吃步

如何判斷筷子變質與否？

若筷子上出現非本色的斑點，或出現彎曲、變形，甚至聞到一股明顯的酸味，很可能都是受到污染或過期的標誌，不可以繼續使用。

分割小收納區，刀叉匙筷不混雜

刀叉匙筷都是日日必用的小物，最好收藏在易拿取的餐櫃內，高度及腰的抽屜，是擺放小餐具的好地方。不過湯匙、筷子的分類好麻煩，有長有短，有厚有扁，有時候需要一點規格上的小幸運，才能收得不浪費空間，又有清楚明白的分界，不會打開抽屜一片狼藉。

平行收納最有感

為了保證它們能夠回到各自的「集體房間」，不與其他種類「混居」，抽屜內最好加裝「刀叉分隔盤」、「刀叉分隔籃」，將大抽屜分隔成5～8個小收納區，清楚地分類，避免找個湯匙要翻箱倒櫃，是個很實用的抽屜內分類小助理。

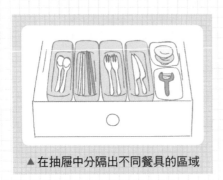

▲ 在抽屜中分隔出不同餐具的區域

打開抽屜，湯匙歸湯匙、筷子歸筷子，偶而才會派上用場的小抹刀、削皮器、開罐器……也有自己的收納一角，那種平放式的陳列法，就彷彿是生活用品店在販售精緻刀叉時的展示，讓人飯前一看見就有好心情。

垂直收納超性格

除了平行擺放，若家中廚房的抽屜深度較深，將湯匙、筷子、刀子、叉子直立插入，亦不用擔心抽屜關不上，那麼就用萬能的壓克力版分割出表面積更小的隔間，垂直收納刀叉匙筷吧！極大值發揮每一寸高度的用途，且能夠收納進抽屜的物件也更多，此外，記得將餐具可辨識的那一端朝上擺放，拿取依然方便。

▲ 抽屜較深則選擇直立收納餐具

食材
不速之客別在廚房四處躲藏

接下來，讓我們進入廚房收納非常重要的一環，那就是食材的整頓。很多主婦抱怨自家廚房經常有「小強」、「米奇」出沒，其實都是因為環境清掃不徹底、食物擺放不合理所導致的。

為了謝絕這些可怕的「廚房遊民」，鞏固廚房衛生，不受病菌干擾，做好食材的收納刻不容緩！

👕 通風的網狀籃子，是食材的熟成搖籃

洋蔥、紅蘿蔔、馬鈴薯……等等蔬菜，其氣味不為蟑螂、老鼠所喜愛，擺放外頭也無招致生物的隱憂，因此可以放心的隨處懸吊放置；用「網狀吊袋」掛於窗邊、門上，都是立體收納的成功展示。

此外裝進可手提移動的收納袋中，將食材放在定位、通風良好之處加以保存，也是幫助揮發表面農藥、促進食材快速熟成的好方式。

需要特別注意的是，容器最好是為「多孔」、「網狀」、「洞洞狀」等等有助於空氣流通的設計，避免悶熱不透氣而讓食物變質。

網狀食材籃子 ✂

家政女王の
小道具

將食材放在透氣網籃中等待漸漸熟成之後煮食

而一些會飄散誘人香味的乾貨，譬如說：香菇、海帶，或是婆媽們做料理時常用的佐醬、調味包、咖哩粉、雞湯塊等等，有鑑於

生物嗅覺靈敏，則需要更慎重其事地收納，避免招惹牠們來廚房中造窩，請神容易送神難，趕也趕不走。

氣味濃濃的食物這樣收

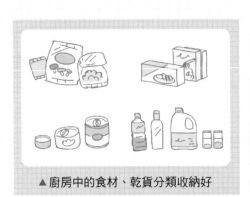

▲ 廚房中的食材、乾貨分類收納好

家庭號調味料由賣場、超市買回來後，有的人會連同原來的包裝袋一袋袋丟進櫥櫃裡，這樣的動作其實已犯了錯誤；較正確的方法應該是先裝入外觀相同的容器之中，不論是將食物倒進玻璃罐，或是跟著包裝放入保鮮盒皆可。

逐一分裝、密封、收好，集中放置，「無差異」的容器才是視覺整齊的王道。此外，可以將食材的收納，分為「使用區」及「備用區」，使用區分裝出少於1個月的用量，其餘的大包裝就收回備用區，等待小包者用完。

將品項分裝完畢後，記得在備用區的包裝容器寫上保存期限，有助於控制烹飪時的消耗速度；此外，上街買菜購物時，也只要檢查備用區的存量，該添購什麼乾貨、醬料就一清二楚，不怕多買，也不怕忘記補貨而臨時斷糧，更能確保品質，吃得更安心！

Smart!
收納偷吃步

小容量優先使用，再用大容量
贈送的小包裝調味料，容易忘記拆封而放到過期，解決之道是放在使用區提醒自己先用。例如：先把小包砂糖用光，再取大糖罐裡的。

收納備用區庫存食材，大多數的廚房收納專家，都推薦民眾購入以下各項廚房收納法寶，可以助我們一臂之力：

密封盒

挑選同系列大大小小的密封盒，創造整體感，此外，若材質為透明，可以清楚看到內容物，下廚過程更順利。當然密封盒的成本不能省，千萬別因省錢購買密封性不足的容器，否則氣味無法完整隔絕，後患無窮。

長尾夾、夾鏈袋

使用中的小包裝食材，短時間內即可用完，東一包、西一包，微型的體積以玻璃罐或密封盒來收納，有占用容器空間的嫌疑，不如直接裝在夾鏈袋中，或是以長尾夾夾在開口處，都同樣可以達到真空的效果。

磁鐵

保存期限較短的乾貨，收納起來深怕一轉眼過期。乾脆在夾上夾子、裝入袋子以後，搭配圓形或是長條狀的磁鐵，吸附在冰箱上，日日映入眼簾、提醒自己，另一個優點是不會占用珍貴的廚櫃空間，可說是兼顧保存和收納。

標籤

便於分辨包裝的內容物，可自行貼上姓名標籤；幫助查看是否過期，也可在標籤貼紙上註明賞味期限。掌握廚房中食材存量，進而讓下廚烹飪的時刻，思緒更加清晰！

塑膠袋、紙袋
淘汰、摺疊、集中，搞定惱人包裝袋

外出逛街時，若忘記準備一個購物袋，常常拎了不少塑膠袋回家，而我們都知道，塑膠袋用一次就丟棄，極不環保，是愧對地球媽媽的不良行徑。然而，蓬鬆的塑膠袋該怎麼收納呢？通通丟進櫥櫃裡？讓它們滿屋子亂亂飛？或者雜亂的散落在廚房各處？沒有收拾好的袋子，看起來實在是無敵凌亂。

紙袋收納難不倒你

不僅是逛百貨公司買精品會附上紙袋，購買新書、新文具時，也都以紙袋裝，不再用的上的紙袋可立即回收，然而有的人有保留紙袋的習慣，又印有品牌logo的手提袋，保存良好還能轉賣，這時候該如何防止紙袋在漫長的收納過程中受到毀損呢？

紙袋的收納，其實出奇地簡單，只要從玲瑯滿目的紙袋中，挑選出最大容量的，再將剩餘的由小排到大，需要紙袋時，隨手攜帶出門，方便度破表！

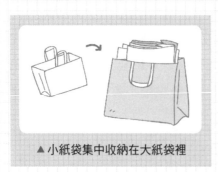
▲ 小紙袋集中收納在大紙袋裡

塑膠袋收納更easy

有東西出售的場所，就有塑膠袋的存在，鐵定讓不少人困擾，將塑膠袋摺一摺，體積縮小省空間，增加你重複利用它的意願吧。

塑膠袋這樣摺

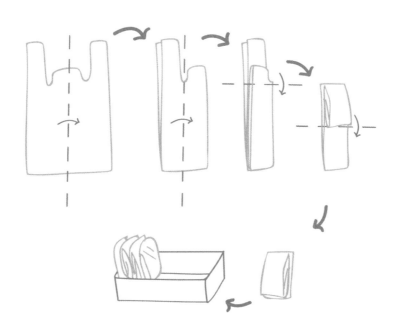

▲ 塑膠袋這樣摺

❶ 將塑膠袋攤開，耳朵整理好。

❷ 耳朵朝上，從中線對折。

❸ 接下來再對折。

❹ 分成3等份，往下對折。

❺ 再對折呈現方塊狀。

❻ 將一個個袋子垂直收納盒中。

紙巾、保鮮膜、鋁箔紙
安裝消耗品，可利用夾縫空間

你是如何收納廚房中的衛生紙、厚紙巾、保鮮膜、鋁箔紙和保鮮袋的？這些抽取式、滾筒式的消耗品，若是用疊疊樂的方式放在櫃子上，很多時候抽取下層的保鮮膜時，最上層的鋁箔紙便跌落到後面去了。又如果將它們置於抽屜，打翻東西時，急著抽取一張紙巾，還得經過開關抽屜的動作，讓人焦急不已。

▲ 將廚房消耗品安裝在隨手可得之處

冰箱門、冰箱壁、冰箱旁的夾縫，是收納高手們很喜歡利用來爭取廚房消耗品收納空間之處，而且巧妙各不同，是廚房裡面最有潛力的「未開發收納區」。

有一種冰箱側邊專用的收納架，可以將衛生紙、保鮮膜……等等物件統一懸掛起來，底部小籃子還可以擺上常用調味罐，不佔據多餘空間，隨手可取用，有助於提升在廚房烹調時的效率，方便拿取又省空間，是專為廚房消耗品設計出的一款完勝收納神小物。

此外，到文具店買一塊自黏式軟性磁鐵，剪成適當的大小後，貼在鋁箔紙、保鮮膜或盒裝抽取式面紙包裝盒背面，就能隨手黏在冰箱上；或是以無痕膠袋將盒子貼在抽屜層板下方也可以，這些都是日常用品的隱形收納空間。

對於廚房櫥櫃上半部容易浪費掉的空間，用消耗品來填補是最為洽當，不僅抽取容易，消耗品由於重量很輕，即便是不慎掉落也不怕造成下方物件的損壞。此外，想要檢查

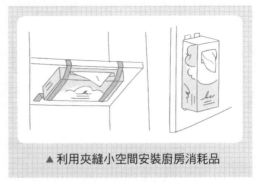

▲ 利用夾縫小空間安裝廚房消耗品

消耗用品的剩餘量時，一拉開櫃子門，剩下多或少就可以看得清清楚楚，對於購物的登記與計畫都有省時的功效。

活動推車不占位

還有一種附輪推車，平時停放在廚房小空隙，當作小型的收納空間，擺放保存性食材、調味料、瓶瓶罐罐；烹調時間也可推到身旁，就近取用車上的食材，節省走來走去的時間；用餐時，搖身一變小邊桌，擺放菜餚、筷子、碗盤等等物品，節省往返廚房與餐桌之間的時間，功能相當靈活多元。

利用這種移動式小推車來擺放消耗品，也是收納衛生紙等等消耗物件的聰明方式，在下廚的過程中，需要抽取保鮮膜或鋁箔紙時，往身旁的小推車順手一撕即用，是多麼快速與方便！

廚房手推車

家政女王の小道具

活動式推車放置常用物品

清潔用具
水槽正下方的專屬寶座

廚房

你家的廚房洗碗槽下方，是不是塞滿了各種鍋碗瓢盆、乾糧、罐頭、瀝水籃、菜瓜布、清潔劑與各式尺寸的塑膠袋，而顯得雜七雜八的呢？希望解決這個問題，請想像一下你在使用水槽時的畫面，手上有那些物件？再想想該把什麼東西收在這個小區塊。請記得，收納的數量夠用即可，不需要永無止盡地囤一堆貨。

👕 整整齊齊的洗碗槽

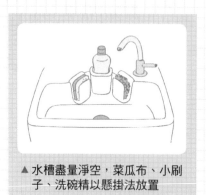

▲ 水槽盡量淨空，菜瓜布、小刷子、洗碗精以懸掛法放置

洗碗或清潔台面時，首重清潔用品要順手好拿，挑幾個附有強力吸盤的收納架設置收納專區，專門用來放置每天會使用的菜瓜布、海綿、洗碗精，種類數量不需多，各一即可；以及料理時丟廚餘的垃圾袋等等，都要收納在一起。

👕 收納在水槽下方的物品

在準備下廚的時刻，或是善後的階段之中，需要用到的廚房用品，都以收納在水槽正下方為佳；由於此處接近水源，備料、清潔時，沾水、洗抹布、盛裝水都可以就近解決。

在水槽下方加裝一條「毛巾桿」，除了晾掛抹布，帶有把手的清潔劑也可以在上面一瓶瓶排開來。

▲ 安裝一字桿，吊掛清潔劑

▲ 水槽下放置掃除用品

🧥 向外延伸的門板收納空間

家庭主婦們每一天做飯都要進廚房，如何使這個烹飪聖地看起來乾淨不凌亂，收納就是保持整齊清潔的不二法門！廚房的櫥櫃用來收納許多東西，高手級的家政主婦們，通常更是連櫥櫃門板也不放過，掛上吊袋、黏上掛鉤、貼上文件夾，棕刷、奶瓶刷、塑膠手套……哩哩扣扣的物件都有了歸處。

▲ 利用櫃門上空間來吊掛日常清潔用具

▲ 百變文件夾，也可以恰到好處地運用在廚房中

冰箱雖然充滿了食物，是個幸福氛圍環繞的家家必備之物，但要是沒有做好空間收納和食材管理，門一開，眼見亂象，龐大的煩惱可就要取代喜悅感了！

理想冰箱不是大肚滿滿

最為理想的冰箱，打開來食品一覽無遺，無須翻找東西放在哪裡，也不用擔心會過期，除了減少食物的浪費外，還可以節省能源消耗。若是可以再利用一些簡單小撇步，預先備齊幾餐需要的食材，甚至能節省縮短做菜時間呢！

視線以內的食物一週下肚

在討論到冰箱收納的細微眉眉角角之前，必須先熟知食材歸位的大方向原則，那就是以「視線內區域」、「視線外區域」來決定食材在冰箱中的擺放位置。

不會頻繁拿出來吃的東西，像一些可久藏乾貨、冷門調味料、不容易馬上壞掉的東西等等，可以放在視線外的區域，並養成定期檢查的好習慣，接近過期日再移動至冰箱看的到的區塊；而視線內則建議只擺放一週以內必須吃完的食物，隨時打開冰箱，就能立即想到：還有什麼食物是迫切需要被煮食的？

食材只要事先透過妥善的處理，分門別類地擺放在冰箱內適合的空間，讓它們在冰箱各處都能清清楚楚的被看到，讓食物間保持可呼吸的空間，如此一來，不僅讓冰箱整理起來更加有效率，促進冰箱內部的食物有進有出，並將空間發揮最大的利用值，食品保持新鮮，家庭飲食健康又安心。

大刀闊斧收納冰箱SOP
五大步驟告別雜亂冰箱

冰箱中若累積太多吃不到的食物、過期的食品，久而久之就會產生一股不好聞的討厭酸臭味，若發覺自己的冰箱越來越滿，就要大動作施行食物的斷、捨、離了！如何讓冰箱內容減量，再現整齊迷人的風采，跟著達人一步一步做：

第1步：丟棄壞食、廢物不手軟

大閱兵的第一件事，就是把冰箱中各樣食品一次挖出來，逐一檢查到期日，只要是超過保存期限，就馬上丟掉。

不僅如此，光以袋上保存期限為準是未必準確的，尚未拆封的、仍沒過期的產品，也要仔細檢查外包裝，觀察內容物的狀態，是否有的因為保存不當而發霉、變質，卻還留在廚房裡。

別以為記憶力不會呼嚨你，就信心滿滿地說出「我家的冰箱，我當然最了解啦，裡面沒有任何該丟棄的陳年舊貨！」根據達人過往統計經驗，即便是平日有在維持冰箱整潔的人，進行冰箱大掃除時，總挖出比自己想像還多的「垃圾食物」，想要還給冰箱一整片清爽，千萬別忽略「清倉」這一首要步驟喔！

第2步：丟與不丟的矛盾食品

整理翻出冰箱的食品時，在留下來的瓶瓶、罐罐、盒盒、袋袋中，收納者也許會遇到這些「特殊個案」：

1. 蓋子走失的瓶瓶罐罐

　　若因為瓶蓋失蹤，便犧牲一整罐的食品，那實在是件划不來的事情，其實只要取一段保鮮膜，將它摺成足以覆蓋住罐口的面積，並用橡皮筋綁緊，即可做為臨時蓋子。然而，其密合度不如原有蓋子好，最好還是盡快用光為佳。

2. 醬料底部還剩一滴滴

　　有的瓶裝醬料，擠到最後只剩下一點點而已，可以購買市售的擠牙膏器，或是倒立在一個器皿裡面，將它做最後使用，通常開封後比較久的醬料，需要冰在冰箱中冷藏，也是盡快用完為宜。

3. 外包裝上頭髒兮兮

　　玻璃罐裝的醃漬品或醬料，最容易在不斷拿取的過程中，在瓶口旋紋處留下殘渣，或是從瓶口溢出，沾染得整個瓶身都是；瓶外物變質，可能會不甚污染到內容食物。可以牙刷沾水刷洗瓶身（以水不流進瓶罐為準），接著再用紙巾擦乾。

冰箱

Smart!
收納偷吃步

醬料外流會吸引蟑螂、螞蟻

別以為瓶罐外沾染醬料只是有礙觀瞻，殘留醬料可能變成吸引蟑螂、螞蟻搶食的來源喔！每次用完醬料最好都順手擦一下確保潔淨。

4. 某種醬料數量多於一

　　淨空冰箱後，你也許會發現有兩瓶醬油，或是三罐沙茶醬，在沒有任何一方過期的情況下，請將調味醬料集中，較快過期的，倒進較慢過期的容器裡，便可以節省一個器皿的空間浪費。

第3步：放回最少數量的食物

淘汰過一輪之後，便將其餘新鮮的食品分門別類、放回冰箱裡面，除了長存材料外，最好保留一週內吃得完的食物便足夠，舉凡沒有信心快速消耗的食品，不如皆狠下心來丟進廚餘桶。

Smart!
收納偷吃步

廚餘收納面面俱到
廚餘桶可收在水槽下方的拉籃，或有輪子的推車方便移動，但此桶子一定要記得加蓋，並且不置放超過三天，以免滋生蚊蠅。

第4步：盤點食材，規劃菜單

最後一步，那就是看看還剩下那些食材，想想接下來的一週要如何下廚；列出不熟悉的、需要先煮食的，寫下memo、貼在冰箱門上，提醒自己勿再次擺到過期。

第5步：一週清理一次冰箱

儘管已經做好冰箱空間分配及食材管理，隔板難免還是會隨著時間累積污漬，定期擦拭，可避免大掃除時精疲力竭。

清潔冰箱時，不需要拔掉插頭，將該淘汰的食物丟棄、冷藏室擦拭乾淨之後，再把冷凍庫的食物暫時移到冷藏室，接著快速清理後，速速冰回冷凍，才能夠確保食物不變質。另外，定期除霜也可以確保冰箱的冷藏、冷凍力。

(超級市場的聰明陳列方式)
食材放哪兒？

　　冰箱等於是廚房的「心臟」，憑藉低溫冷藏、冷凍，減緩細菌生長的速度，延長食品的新鮮期。然而，如果不當收納冰箱，就會降低冰箱的保鮮功能，甚至引發不利人體的疾病。

　　正確的觀念是把冰箱當作「保鮮」，而非「儲藏」的工具，有些懶人貪圖省事與方便，一次過度採買食材，通通丟入冰箱，只求暫時免上街買菜，也不認真思考吃不吃得完，再三導致食物壞掉丟棄，並且這樣的行為是絕對要不得的！

　　花少少的時間預先做好食材處理，避免蔬果腐爛，或是烹調時來不及退冰，是非常划算的生活投資。冰箱中的東西怎麼擺，可是大有學問，超級市場經理人歸納出的幾個大原則如下：

1. 生熟食要分區

　　一定要以「熟食在上、生食在下」的規則擺放食物，冰棒、凍品、可直接食用的加工品，放在冷凍較高處，而生的雞鴨魚肉，考慮到生肉退冰後血水溢出的可能性，避免污染其他食物，則盡可能地往低處放。帶有血水、碎骨的排骨、雞肉等生食，最好事先沖過冷水，並吸乾表面水分後，用保鮮膜或保鮮袋封存，再放進冰箱，不但乾淨、延長保存時間，還可避免血水滲出。

　　生、熟食沒有妥善分裝密封，並區別冷藏冷凍，就會提高細菌交叉污染的機會，肉品、海鮮容易產生大腸桿菌、葡萄球菌、腸炎弧菌等等，不可不慎重。

冰箱

2. 事先分裝一餐的份量

　　有些民眾習慣一次購買好幾天份量的食材回家，烹飪時整包從冰箱拿出來，剩下的再冰回去，其實，這樣拿進又拿出，食物非常容易壞掉，尤其是結凍的肉塊，總要退冰才能夠切割，不斷經歷退冰與冰凍，不變質都難。

　　因此，一周內會食用到的食物，建議購買回家之後，就事先清洗、切片、切丁，分裝壓扁成每一餐需用的份量，每次下廚只需拿要煮的出來退冰就可以了。

3.「先進先出」為原則

　　超級市場在擺放食物時，都會把最快到期的擺在最外面，促使客人先帶走離過期日最近的，家中冰箱的儲藏，也應該效法這一種「先進先出」的使用原則。先放入的食物，應先拿出來烹調使用，以免閒置時間太漫長，而將細菌吃下肚。

4. 易變質食品不宜放冰箱門

　　很多人會將蛋白質類的牛奶、豆漿、蛋放在冰箱門側邊，方便需要時的拿取，其實，隨著冰箱門一開一關，不知不覺也影響這類乳製品的新鮮度，易變質的食材盡量還是往冰箱內部擺較好。

Smart! 收納偷吃步

冰箱門上不放重物

兩片冰箱門上，盡量不要擺太多瓶瓶罐罐，尤其是大瓶的飲品，那會增加負重重量，導致冰箱門更容易受到損壞。

5. 保鮮盒積木收納術

吃剩的飯菜、切好的水果，都放進「密封盒」保存，一來保鮮，二來容易清潔，透明款式的盒子還可以避免忘記食物的存在。

保鮮盒

家政女王の小道具

真空保鮮盒是收納食品的得力助手

一般市面上的保鮮盒分為塑膠製和玻璃製，建議以玻璃製保鮮盒盛裝油脂較多的食物；為了讓冰箱空間利用更有效率，專家呼籲大家盡量把高度相近的瓶瓶罐罐擺放在一塊，而形同積木的保鮮盒最適合拿來幫助冰箱做收納，食物通通裝進同款的保鮮盒後，疊放再高，畫面依舊整齊不雜亂。

6. 保鮮袋直立收納法

無論是哪一種食物，都不宜直接塞進冰箱裡頭，進入冰箱前，應該經過適當處理，除了保鮮盒以外，「保鮮膜」或是「保鮮袋」，也可以將食物重新包裝，取約莫為食材兩倍大的保鮮膜大小，緊緊貼附於食材，避免空氣滲入，密封後再儲存。

保鮮袋

家政女王の小道具

肉類與海鮮類食品，都非常適合以保鮮膜包裝

保鮮膜具有真空包裝效果，密度和強度較保鮮盒要強，能依據食材的形狀塑形，魚、肉、醬汁和熬煮的高湯等食材，皆適合以此方式包裝，買回家或熬煮完分包成小包裝方可入庫，已省下後續烹飪的時間，小動作帶來大效率。此外，保鮮袋裝收納由於體積扁薄，建議可以用直立的方式做擺放，方便拿取的同時，也替冰箱節省了不少空間。

冰箱

📎 7. 透氣繃帶不怕潮

　　隨著冰箱中保鮮盒、保鮮袋不斷疊高、增加，健忘的家庭主婦容易忘記裡頭還剩下哪些食物，只要利用「貼標籤法」，將標籤標註在保鮮容器上就能一目了然，除此之外，在標籤上一同註明採買時間、過期日期，也能更快地知道冰箱中有哪些食物要優先食用。

　　不僅如此，其實，貼標籤的目的，除了幫助辨識、快速尋物，更是培養物歸原處的好習慣。例如我們會記得從哪裡拿出小黃瓜，卻忘了該將它放回哪裡，有了標籤的輔助，每當使用完畢後，便能立刻歸回原本的收納盒中。

　　而冰箱中帶有水氣，一般的膠帶若放進冰箱久了，容易變得斑駁，廚房收納達人推薦，用藥局普遍販售的一款專門貼傷口繃帶的「通氣膠帶」，容易寫、容易貼，亦不容易掉落下來，讓你家的冰箱收納美觀不落漆！

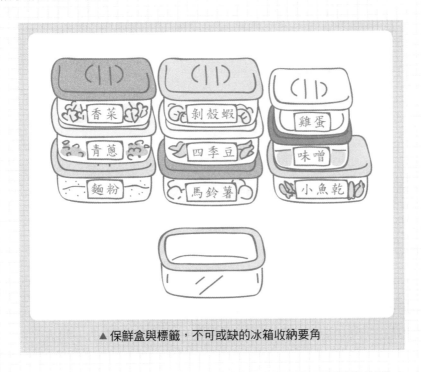

▲ 保鮮盒與標籤，不可或缺的冰箱收納要角

冰箱趨近零庫存
便是完美境界

　　自從認真學習收納這門課，專家與達人總是要我們「抓出閒置空間，填補、卡位、再利用」；平時整理其他空間時，唯恐多出哪一個隙縫沒有用上，我們都會如坐針氈、心煩意亂，自責收納功力還有待加強，恨不得能將整個空間做最大容量的應用！

　　然而，與其他櫥櫃收納不同的是，冰箱不宜收納到百分之百爆滿，那將會導致冷氣沒辦法順利循環，空氣不對流，食品氣味也沒有消散的機會，進而造成冷藏效果大減，冰箱太滿太耗電，繳交電費時你會更心碎。

▲ 冰箱收納學問大

🗄 失控的冰箱

　　那總是凌亂且塞爆的冰箱體內，大魚、大肉、蔬果雜處一室，堆積著昨晚、前晚、上禮拜的剩飯剩菜已是家常便飯，有時候還會出現放了不知道幾個月的不明發霉物，灰灰綠綠叢生，叫人作嘔，

冰箱

這樣的場景你似曾相識卻不敢招認嗎？

　　怎麼判別冰箱的食物是否太多呢？如果食材已經遮擋住冰箱內的燈光，就代表塞太多了。

　　基本上，冰箱不是儲藏室，內部的東西越少，才表示主人食材管理做得越好，該吃的有吃掉、該消耗的都有消耗掉，沒有不良的食品堆積狀況，這才代表冰箱收納做的真正完美！

**Smart!
收納偷吃步　隔餐食用，營養價值低**

隔餐蔬菜維生素幾乎消失殆盡，只剩下纖維質；滷肉、肉燥反覆加熱也可能出現致癌物，營養價值遠遠低於新鮮食品！

食物卡位不囤積

　　以台式冰箱為例，通常分為冷凍庫、蔬果區域、冷藏區、冰箱門，請善加利用「冷藏區」的空間，放本週內要烹煮的葷素食材，比起冷凍庫，若擺在冷藏區，下廚時可以免除退冰的步驟，但此處的低溫仍然可以保持食物的新鮮。

**Smart!
收納偷吃步　葉菜類的保水收納**

葉菜冰入冰箱前，先剝除枯黃的外葉，並用沾水紙巾包裹根部延緩腐爛，最後直立放入蔬果室，如此一來就可以保存得更久。

Chapter 6

My浴室！
雜物勿擾，嚕啦啦時間享受至上

你家的浴室不乾不淨，

連洗澡如廁都要墊著腳尖嗎？

療癒的時光怎麼能如此自我虐待？

洗滌髒污、收拾凌亂、擺上花朵、點起精油，

好好慰勞身心靈的疲憊吧！

浴室關卡！
收納達人の養成

Start

level **1**

瓶罐 多囤積一罐是一罐？ P.189

level **2**

牙刷 一口好牙靠收納？ P.195

level **3**

除毛刀 牆壁是最佳指定位？ P.196

level **4**

鐵製品 生鏽黃黃好噁心？ P.198

level **5**

吹風機 熱熱的時候怎麼收？ P.199

Stage Complete！

很多人在參觀樣品屋的浴室時，嘖嘖稱奇，心裡好一陣欣賞羨慕，多希望自己的衛浴設備也如此乾淨清爽，其實，你家浴室不也曾經是新屋展示的一部分嗎？只不過經過人為的摧殘之後，才使得它再也不復當年的新穎潔淨！

浴室通常為家中最迷你的空間，卻扮演著極重要的日常角色，需要滿足全家人的盥洗需求，僅僅幾坪，每日早晚頻繁地被使用，梳洗用的盥洗用具、衛生用品、保養品、化妝品……等等，通通置放在此，瑣碎又零散，相當使人困擾。

迷你小浴廁的收納

越是容納量有限，越需要規劃出合適的收納空間，該如何透過佈置廁所的巧思，來營造雜物不擾、放鬆沉醉的美好私密時光呢？

空間設計上，光是洗手台、馬桶，就已經占滿了浴室裡的大半空間，遑論還加上浴缸的話，剩餘位置就更狹窄，要怎麼找出多餘收納空間？如果你是幸運的新屋買家，現在才要開始替你的新房子做裝潢，或者你打算翻新自家舊廁所給它新樣貌，那麼記得要選擇「兼具收納功能」的衛浴家具，像是浴櫃、壁櫃、鏡櫃、三角櫃或洗臉盆櫃等等，巧妙地把儲物與衛浴功能做結合，輕鬆解決空間不足的困擾，密閉式的設計還能將雜亂通通擋在裡面，打造一個不雜不亂的小而美浴室。

Smart!
收納偷吃步　**乾溼分離好棒棒**

浴室水氣重，建議能設置乾濕分離的衛浴環境，盥洗用具也盡量擺在櫃子裡，避免發霉、有害衛生；櫃體也以防腐材質為佳。

浴室

（ 洗髮精、潤髮乳、沐浴乳 ）
用光再添購，不囤貨的省空間策略

外宿五星級飯店，是否讓你流連忘返、不甘離開呢？相信很少人來到飯店不會心花怒放，特別是窩在那高級浴缸裡面，泡上幾個小時的湯，惺忪間有種身為皇家小公主的美妙錯覺。

飯店與家裡的浴室有何不同點？其實只差在飯店的廁所「乾淨到極致」與「無多餘的物品」，這兩個原則若是做不到，就是導致家庭衛浴空間總無法讓人心曠神怡的主要因素。

台灣的浴室多採用開放式的鏡下層架，瓶瓶罐罐擺放在上頭，夾帶著各種款式與色彩，沾染著無數的汙點，混亂骯髒全都露，一絲絲清爽的感覺都沒有。若希望自家浴室能更接近飯店的境界，那至少得先掌握以下的三點原則：

1. 空間有限請勿大量囤貨

除非你家的廁所堪比一般人的臥房般寬敞，收納空間用不完，擺入再多物件也不怕滿，否則盡量別囤積太多用不到的洗髮精、潤髮乳、沐浴乳、毛巾等盥洗用品在廁所裡面。

即便是發現了極適合自己的產品，擔憂斷貨而事先搶購，也應當適可而止，以不超過收納空間負荷量為佳，否則擺不下櫥櫃而置放在外頭，物多必雜亂，如何整理都一樣礙眼。

2. 盡可能地將瓶瓶罐罐隱藏收納

將衛浴中物件數目減量至最低之後，接下來評估一下空間中的

「隱藏收納空間」，例如：附帶櫃門的鏡子櫥櫃，這是能夠將零散的瓶罐直接藏起來的絕佳地點，將物品整齊置放在櫥櫃中，一進浴室，少了視覺上的干擾，相對則清爽許多。

3. 選擇同系列容器

若是收納空間不足，又或者缺乏隱藏式系統櫥櫃的幫助，不得不將瓶瓶罐罐擺在醒目之處，那麼就請選擇同系列的收納容器吧，從顏色統一的瓶罐，到材質相近的收納籃、收納盒，都可以讓物件外露之餘，視覺上不會被扣太多分。

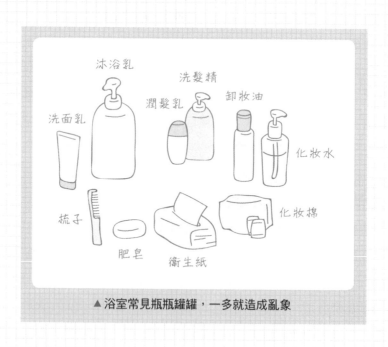

▲ 浴室常見瓶瓶罐罐，一多就造成亂象

🛁 浴室的空間利用大全

浴室最惱人的莫過於發黴，牆壁、容器外沾滿了黑黑灰灰的污漬，看起來可真噁心；千萬別以為這全都是濕氣的錯，廁所清潔、

收納不當，也是發黴的罪魁禍首；水漬及皂垢是黴菌的營養來源，除了勤沖洗容器之外，也盡量將洗髮精、沐浴乳等瓶瓶罐罐，收納在較乾燥的位置。

目前在市面上，可以買到各式各樣專為浴室設計的小道具，例如「壁掛式防水收納籃」，或「系統性置物架」，只要不把浴室內雜物擺在地面或台面，就可有效防止髒污的產生。

其實多花些心思逛逛家居商場，許多美麗的收納產品都不難取得，它們增加了儲藏機能，也裝點出清新夢幻的如廁氛圍，讓你沐浴時擁有絕佳的奇檬子。

讓我們來看看，那些浴室收納專家，是如何創意使用木架、抽屜、籃子、架子、掛勾……等物品，又是利用了哪些閒置角落，動手改造出一個飯店等級的好衛浴：

小轉角、三角空間

90度的角角如此地鋒利，又容易卡汙垢，看了就頭疼，浴室空間利用絕對少不了轉角架、三角架；不論是在平價小賣場找尋，還是進口高級衛浴，價格從低到高都包含，款式更是百百種，是市場上非常普及化的商品。

將那些三角形的收納架，往扇形空間一卡，剛剛好，適合放置天天都要用的清潔消耗品，包括沐浴乳、洗髮精、護髮霜、身體乳液之類，擠壓取用方便，不必再擔心瓶瓶罐罐東倒西歪、滾來滾去。

而堅持視覺一定要清爽的人，也有密閉的三角收納架可供選擇，附有門板

▲ 瓶瓶罐罐不落地

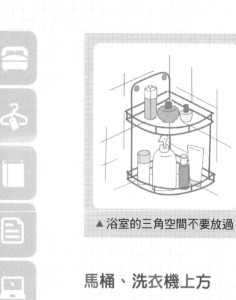

▲ 浴室的三角空間不要放過

的扇形收納架，門一關便將瓶瓶罐罐隱藏了起來。

而除了放置在角落的類型，也有靠吸盤安裝在牆壁上的三角置物架，不僅有免於彎身取物的優點，也能免去水垢堆積的困擾，可說是一舉數得，唯獨需要注意產品本身的承重能力，避免超過負重而打翻整個架子。

馬桶、洗衣機上方

不少租屋族的洗衣機是安裝在浴室內，洗衣機上，包含馬桶正後方的牆壁，這幾個地方常是人們忽略收納的重點；這兒的空間別浪費，加一個好看的儲物裝置，將衛生紙、毛巾等等物品擺放在層架上，一覽無遺，且整齊好拿取，此外，還可以擺幾個可愛小盆栽當作布置，讓廁所除了收納機能完善以外，視覺美觀也大獲全勝。

除了現成的置物架，也可以在牆上垂直裝設層板，選擇適合自家衛浴的材質，簡單的排列，就替空間增添了一種特殊的設計感。

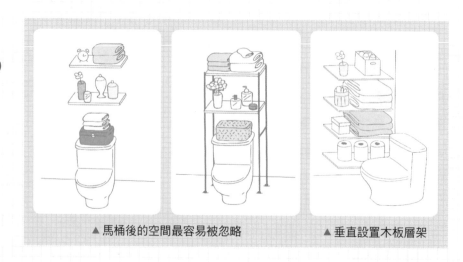

▲ 馬桶後的空間最容易被忽略　　　　▲ 垂直設置木板層架

浴室

洗臉台下方

　　環視一圈浴室，還有哪個位置是可以挖出閒置空間的？漏斗形洗臉台的下方，也是個常見的例子，除了以裝潢的方式圍出矮櫃，也可以量身訂做個半弧形的置物架，沿著洗臉台擺放，既不占空間，瓶瓶罐罐又多增加一個收藏的絕妙地點。

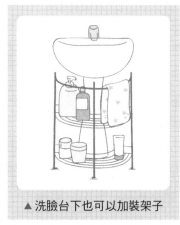

▲ 洗臉台下也可以加裝架子

浴缸周圍

　　若你家的浴室有澡盆，那麼澡盆周圍的空間，也是一個收納的好場所，可別以為只是將盥洗用具擺在浴缸邊緣即了事，隨著時間累積污漬，澡盆會讓你避之唯恐不及。利用一根窗簾伸縮桿，或是毛巾桿，安裝在浴缸牆邊並掛上幾個吊杯，容器便有了安身之處，浴缸的檯面則必須淨空，好維持其潔淨。

　　把洗髮精、沐浴乳、潤絲精、香皂、沐浴球……等等通通收拾好，整齊排列在你左右，從此再也不用狼狽地濕著身體、彎著腰找那一瓶愛用的沐浴乳了。

▲ 隨手可得的沐浴用具

(洗面乳、卸妝油、化妝水)
不適合者必丟，留再久也不會match

當你買到不適合皮膚的保養品，肌膚泛紅、發癢或起疹子，你仍然會硬著頭皮用完嗎？還是會將其暫時放進抽屜，想著也許哪天還能再用上？或是混合其它產品一同使用？

請將它們全部丟棄，或是送給適合的朋友吧！因為這些產品與膚質的契合度是不會變的，即便多放幾個月，甚至是放上好幾年，也不會因此就自然轉換為能用的物質。

尤其是那些擦在臉部的洗面乳、卸妝油、化妝水……等物品，由於臉部的肌膚是如此的敏感而且脆弱，它其實禁不起有害物質一而再、再而三的摧殘。

若忽視身體發出的警訊，而重複塗抹不適合自身的保養品，恐怕還會讓膚質繼續惡化，引發大大小小的毛病。

勿因為花了錢購入產品，就節儉心作祟，只由於害怕丟棄造成浪費，於是便施加不良產品在自己臉上，那才是拿自己的美貌與健康開玩笑，真真正正大不智。

浴室

許多女孩兒在淘汰光上述這類買錯、試用過發現不合、多餘的保養品後，會發現原來雜亂的瓶瓶罐罐瞬間少了一大半，杜絕保養不足、敗事有餘的產品，還可以開拓出新的收納空間，現在就讓我們一起動手，清除所有不堪用的保養品吧！

牙膏、牙刷
淨空洗手台領地，污漬不堆積

在一般無管家的家庭中，衛浴真是不易維持清潔的地方，如果奢求長期維持像飯店衛浴的質感，也要養成好的收納習慣跟技巧。

洗手台上方的化妝板，建議不要放過多瓶瓶罐罐，若是負荷過重而傾斜，掉落撞擊洗臉盆，有機會造成臉盆破裂的意外。這塊領地擺放的用品，建議以天天使用者為主，例如洗手乳、牙刷、漱口杯；偶而才用的到者，則最好收進櫥櫃，避免散放在上頭佔空間，看起來才不會帶有凌亂感。

🧽 早晨洗手台上的裝飾

浴室的明亮整潔與否，真的能影響居住者的心情，如果一早在乾乾淨淨的洗臉台前漱洗，整個人都神清氣爽，能帶著滿滿的元氣出門上班。其實，要營造出飯店式的浴室風格，一點也不難，擺上幾個綠色小盆栽，為白色單調的浴室加點溫柔的感受；同系列的衛浴套組，同款式的乳液罐、衛生紙架、肥皂盤……則能提升浴室的質感；此外，甚至連清潔道具，都可以挑選可愛別緻的款式，讓清潔用品不只是實用，還具備裝飾衛浴的效果。

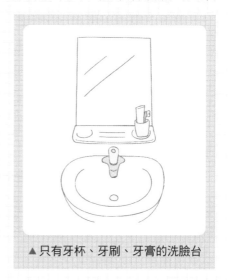

▲ 只有牙杯、牙刷、牙膏的洗臉台

除毛刀、刮鬍刀
好好發揮牆壁的收納功能

▲ 購買除毛刀、刮鬍刀時贈送的專用刀架很好用

市售的除毛刀、刮鬍刀，通常都會附上一組吸盤式的掛架，這可是個相當貼心的發明，淋浴時，想要的物品不在手邊，不僅耽誤時間，還會破壞好心情，添置幾個近在咫尺的吸盤掛架、壁上掛籃，輕鬆置物、輕鬆取物，還可以在需要色彩的區域點綴一些彩色吸盤，別有趣味。

浴室的牆面寬廣無比

地板、檯面、櫥櫃……這些收納空間的確有限，但別忘了牆面卻很廣、很廣，懂得善用牆面收納，就能把收納變得富有彈性。除了轉角層架、吸盤置物籃能安裝在牆上，還有各式小巧的道具，都是發揮壁面空間的收納好玩意：

吸盤配件

附吸盤的收納容器，是租屋者的好朋友，不用在牆壁上鑽孔，就能達到空間的利用，是把牆面變成收納好地方的絕佳選擇；把常用的盥洗用品，放在最順手能及之處，隨時隨地唾手可得，讓屋主享受更愜意的沐浴時光。

　　不過，因為吸盤的承重量較低，建議用以收納重量較輕之物品，此外，切記一定要徹底將牆面清潔後在吸附上，東西擦乾後再置入，總總小細節都為了延長收納容器的壽命。

五金掛勾

　　不鏽鋼五金製的掛勾，一直是衛浴收納的好幫手，實用性超高，且相當容易在賣場買到，像是S型小掛勾、鐵網置物架、常見的毛巾桿，運用這些小工具，衛浴間的收納招式可以千變萬化！

　　淋浴間的玻璃門，也是可以做立體收納的地方，只要把網片加上掛鉤設置在門上，就能把毛巾、浴帽、背刷、眼鏡、鯊魚夾……等等浴室小物都收納整齊，網狀設計甚至可防積水、助晾乾，同時滿足了屋主對於美觀與衛生的雙重要求。

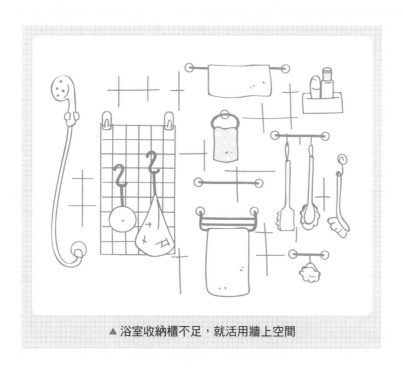

▲ 浴室收納櫃不足，就活用牆上空間

（髮夾、指甲刀、鑷子
手一滑就容易搞丟的小物件，交給磁鐵）

　　體積小的東西，雖然不占太多空間，卻常常是影響畫面整齊度的元兇；例如：髮夾、指甲刀、鑷子……等等美容小物，是女孩兒們在施行浴室收納時的一大麻煩，若是沒習慣隨手丟放在洗手檯上，總會留下一條條鐵鏽的痕跡，還要耗費時間去刷除。

　　其實，要收拾這些小物件，可利用它們共通的特點，那就是「磁性」，只要在衛浴的牆壁上貼一條磁鐵，下一次用當你完鑷子、摘下髮夾時，順手一放，就可以將之吸附在磁鐵上面！

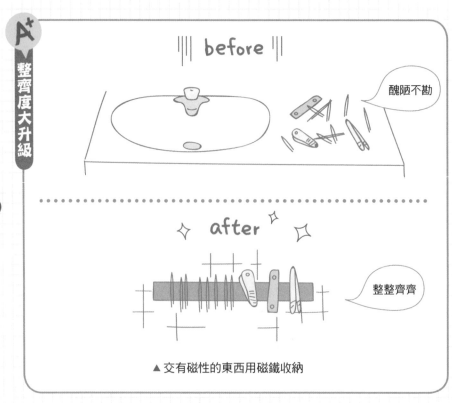

▲ 交有磁性的東西用磁鐵收納

美髮電器、吹風機
衛生紙圓筒有妙用

DIY自行製作收納小物、增加收納小空間，對於熱愛居家布置的屋主來說，應該不是一件難事，小浴室中其實有很多位置是沒有被利用的，找出這些小角落，你會發現：並不是置物空間不足，只是你有沒有動動腦改造而已！

將吹風機、電捲棒等等美髮電器，收納在懸掛廁所門後的多格吊袋中，不僅善加利用了門上空間，洗完頭要用時也可以輕鬆拿取，是不少小家庭中最常出現的收納方式。

這邊在提供一個收納達人自創的「吹風機智慧收納法」，利用廁所捲筒衛生紙剩下來的牛皮圓筒，用無痕雙面膠貼在櫥櫃的門上，吹風機、電捲棒用完之後，順手一插，將吹嘴、棒體剛剛好地卡在圓筒中，收納起來不占空間也不礙視覺，免於再擔心美髮電器用品好像放哪兒都不對。困擾瞬間得到解決，這個辦法是不是讓你驚呼超級好用呢？

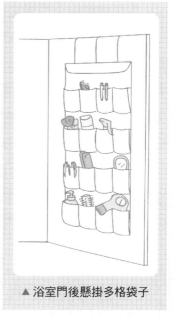

▲ 浴室門後懸掛多格袋子

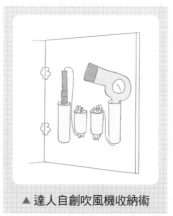

▲ 達人自創吹風機收納術

毛巾
給備用的毛巾一個空間

　　將囤積量減至最低之後，浴廁中仍然難免有一些備用物品，例如：備用的刷澡海綿、輪替使用的乾毛巾、第二瓶未開封的沐浴乳……等等，將這些預備性質的物件收納在門上方最為合適，一來不占空間，二來它們沒有需要常常取用的問題。

　　避免沾染到浴室中的水氣，毛巾也建議收納在不開放的櫥櫃裡，換用時再從櫃中拿出懸掛毛巾桿上。

　　若將摺好的毛巾一層層往上疊，抽取時不小心恐怕有全盤倒塌的危機；只要將捲好的備用小毛巾，用大型書擋統一放置，有了分隔，上下左右不晃動，就不會擔心被用毛巾會散亂成一團。

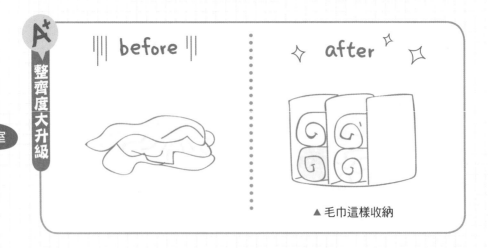

A⁺ 整齊度大升級

浴室

||| before ||| ／／／ after

▲ 毛巾這樣收納

掃除用具
集中擺放在固定角落

馬桶刷、刮水刀、浴廁清潔劑……等等清掃用具，接觸過馬桶、地板、角落這些最容易藏汙納垢之地，無庸置疑是整個浴室裡最骯髒的物品，其收納當然不可不謹慎；大部分的家庭，都是把它們擺在馬桶旁邊的一角，這種方式，事實上會造成穢物的殘留、堆積，也會造成水漬的產生，久而久之牆角就會黑黑的一塊，實在是有礙觀瞻的景象。

將清潔用品放在角落，比較不占空間，然而，無論是立體吊掛牆角，還是採用能瀝水的邊角收納架放置，清潔用具都應該盡可能地不要直接接觸地面，只要將它們懸空，表面髒污就有空間隨水被沖走，也不須時時擔憂細菌滋生、臭味飄散等衛生問題。

▲ 懸空避免污漬的殘留累積

Smart!
收納偷吃步

不應留存的馬桶刷座

通常馬桶刷買來的時候，都會附上一個刷座，其實這正是累積髒污的位置所在，建議將刷座丟棄，並將馬桶刷懸掛在牆上。

哩哩叩叩
全部收進無法目擊之處

▲ 浴室選用不透明櫃門

▲ 天花板以下的空間都可以利用

小梳子、棉花棒、化妝棉、橡皮圈、護墊……這些女性專用的哩哩扣扣，總是叫人很難收納。

而這類美容耗材，有的偶而才會用上，有的則害怕水噴到受潮，最好以分類容器裝好後，都擺進不透明的櫥櫃裡，做隱藏式的收納。

只要眼睛看不見，就沒有視覺雜亂的問題，這也是為什麼裝潢的師傅一般情形下都會建議人們採用不透明門板的浴室櫥櫃。

有一個地方，絕少家庭會想到可以做收納，那就是浴廁門的正上方，裝置一層擱板，就可以增添小空間，用來收納衛浴的儲備用品。

「空間也是同樣需要深呼吸的。」如果目光所及之處皆充滿物件，浴室紓壓的效果就要大打折。我們都清楚空間上的留

白，有助於更多思考，若你家為袖珍型的浴室，甚至雙手張開就摸到兩端牆壁，那麼善用高處空間締造收納奇蹟吧！

習慣在廁所裡化妝的女生，可以在櫥櫃門板的內側加裝小置物架，擺放眼線液、睫毛膏、口紅、指甲油等等化妝小物，此外，可黏貼櫃鏡、擺放小鏡子，整理妝容時，所有的必需品都伸手可及，也輕鬆保持洗手台面的整潔。

▲ 櫃門自行安裝小格子

其實，現在市面上的收納產品推陳出新，設計也越來越人性化，有很多替你標註好內容物的「分類瓶」、「分類罐」以及「壓克力盒」，都能協助女孩有效率地做分類。

如果浴室中沒有任何櫃體或儲物裝置，則建議購買竹籐材質的收納籃，看過日系雜誌的人，肯定對這種日本小清新風的籃子不會感到陌生，對於不得不將物品擺在外頭的主人們來說，不怕水的材質，不失為一種維持整體美觀的好法子。

收納專家特別叮囑大家，在購買收納器材之前，為了避免購入後太大或太小，造成空間放不下或空間浪費，影響其實用性，最好先測量過想要擺放之處的長、寬、高，做為籃子尺寸的參考。

▲ 非擺在外頭不可的東西，以竹籐材質的容器裝

看見乾淨、整齊、清新的浴室，就有股衝動想泡個舒舒服服的熱水澡，若將家裡的浴室營造出飯店般的舒適感，即使一日洗三次澡也不嫌多！現在就開始動手整理家裡的浴室，給來客留下好印象吧！

Chapter
7

「維持」
延續收納的成果

收納完的美好總是曇花一現？

初來乍到讓你感動到噴淚，

亂象再臨也讓你崩潰到落淚了嗎？

堅持居家品質keep it！

亂七八糟的生活，我們再也不相見！

習慣關卡！
收納達人の養成

Start

level 1

誘因 怎麼激勵自己做收納？ **P.207**

level 2

小收納 日日收納功課？ **P.209**

level 3

大收納 久久一次不麻煩？ **P.214**

Stage Complete！

日本有一個極知名的「住宅改造節目」，在台灣長期都有播出，也受到廣大觀眾的歡迎，相信很多讀者也曾經觀賞過，每一次的住宅改造都像是場奇幻的魔術秀，原先讓觀眾們質疑能否住人的房屋，在經過企劃團隊巧手變化後，成為一幢幢讓你巴不得立刻住進去的絕美小私宅。

🧥 崩壞的改造成果

然而，前陣子此節目執行了一項特別企劃，再次走訪這些改造過的「完美範例」，卻意外地發現，絕大多數的屋主，並沒有辦法將屋內維持得跟剛剛改造完一樣好，甚至是凌亂得比改造前還要更誇張，讓節目的善意與苦心前功盡棄。

🧥 三分鐘熱度的整潔

節目播出之後，在網路上立即引起網友們瘋傳與熱烈討論；而鑽研心理的人們曾經說過：「臥室環境就是居住者的心靈狀態」，其實，居家的整齊與否，更直接反映出的是主人的「生活習慣」！再專業的收納知識、再神奇的裝潢效果，原來都仍然會被「不維持」的惡習給徹底給搞垮。

所謂的「大改造」治標不治本，居家之所以凌亂不堪，要追根究底，還是居住者性格與生活習慣的問題；房間整整齊齊的男孩、女孩，給人清新舒適的美妙感。

即便不刻意做大掃除，也能無意識地維持居家整潔，這才是收納功夫已經「修成正果」的表現！反之則不然。

誘因與動力
你家可以隨時見人嗎?

懶惰是人類的天性,相信沒有人特別喜愛勞動,不外乎還是為著美好家園而認真學習收納。為了避免在整頓過程中耐不住性子,甚至心生厭倦感,我們需要給自己一些動機,讓我們在打點空間時有滿滿的動力。

想像著即將有客人來作客

在外面聚餐結束後,你敢邀請朋友們來住處作客嗎?

招待人們來自家,是最為誠摯的熱情款待;平時將居家環境收拾得一塵不染,不僅是為了自身健康,也是為了向他人展示。然而在台灣,一方面因為民風較保守,二方面起居凌亂的家庭不在少數,聚會於家中的情況不若外國頻繁,不需要時時用來見客,此僥倖的心態更會讓主人懶於多打掃、勤收納。

請發揮想像力,假設隨時隨地會有人上門來喝茶,那麼你就有一個絕佳的理由好好維繫室內整潔;甚至是直接向朋友提出邀約:「要不要來我家坐坐呢?」既然有人要臨時來訪,就不好罔顧眼前的亂象了,在朋友踏進門之前,將一屋子整理地乾乾淨淨,用逼迫自己的方式來徹底改善髒亂吧!

打造一個「隨時可以招呼客人的屋子」,只要日日留心一點小技巧,不必等到年底的大掃除。當房間內所有東西都就定位後,也更容易察覺到房間開始不整齊而動手整理,將東西再度歸位。

👕 深信「好環境才有好運氣」

事業有成、幸福感極強的成功人士，他們的家通常窗明几淨；反之，生活過的不順遂、家庭缺乏溫暖的人，明明擁有高價的裝潢，室內、戶外卻亂成一團。

他們也許會辯駁說：工作忙碌到爆炸，根本沒時間整理；心裡掛記著公事，所以定不下心來打掃……

乍聽的確有道理，不過收納專家的想法卻正好相反：「他們就是因為住處凌亂，所以工作方面才會狀況頻傳；因為居家環境太骯髒，所以才導致心事重重。」

臥房一直停留在尚待整裡的階段，到處佈滿塵埃、垃圾、空罐，沒有用途的雜物塞滿了整個房間，甚至散發陣陣酸敗味。處在這樣負向的環境中，人會下意識地不願去面對。

風水老師在挑選陽宅時，最重要的就是先觀察室內環境，堆積太多雜物、空氣不流通，都會造成運氣的鬱塞，運氣鬱塞會有多嚴重？對於店面來說，會造成做生意人潮不聚；對於家庭來說，會危害財運、健康與家人情感交流。

所以，要改運最基本的就是改善居家，清爽的房間會為主人帶來好運氣，求好運就從灑掃開始把！

👕 不追求完美無缺的空間整潔

在地板上看到一根頭髮就抓狂、大衣穿出門一次就非洗不可、無法忍受角落一絲絲的灰塵……若是「愛乾淨」到這種程度，可謂是嚴重的潔癖患者！其實，沒必要神經質地追求零髒汙。若太苛求完美會讓打掃變成壓力、引起心裡排斥，也會造成來客的不自在。維持整潔，適度就可以了。

日常的小收納
歸位，hold住收納的成果！

在現代忙碌的社會，連好好下個廚吃個飯都沒有時間，三餐老是在外，更遑論家裡環境髒亂，要擠出打掃的時間更是難上加難。以上班族而言，如果和家人同住一個屋簷下，媽媽至少會保持家裡一定水準的乾淨，還不需要太過於憂心；但是對於自己租房子的人來說，打卡下班後可能都已經七、八點了，吃晚餐、洗洗澡，再看個電視，就更接近就寢的時段，連睡覺時間都不夠，哪有可能再有空檔來打掃起居呢？

好不容易捱到一年一度的長假期，終於可以給髒亂的環境來個大掃除，不論你是請清潔公司到府服務，還是自己親自下海辛苦打掃，你是不是常常發現，花了一大筆錢或寶貝時間把家裡收納的清潔溜溜，在人為的隨興使用下，日復一日，才沒過多久，竟然又回到最髒亂的常態了呢？

反省一下，早晨起床脫下來的睡衣，你是不是都隨手亂扔？或者是回家之後，換上家居服，就把外出衣物隨手擱置？讀到一半的報章雜誌，是不是也「忘記」要好好收起來？

很多雜亂的原因都是「順手」的壞習慣所造成的。大部分的人總感到困惑：辛勞收納的成果怎麼一眨眼就崩壞了？這是因為你怠惰了、鬆懈了，沒有養成歸位、維持的優良習慣，開始隨手亂丟，導致動不動就踢到雜物、東西不見。

大掃除是多麼疲累的一項工作啊！能避免為何還不避免呢？現在就對自己高聲吶喊：「我不要大掃除！」以此為目標，不要把收

納、整理的工作累積到非得大掃除不可的程度，細心注意生活中大小處，發揮收納不可或缺的收尾技術，也就是「維持」的功夫。

物歸原位，整齊不只兩三天

不破壞收納出來的美好成果，應當奉行「使用完畢即刻歸位」的好習慣，每當使用一件物品時，得事先規劃好何時擺放原處，例如：使用完、一小時後、睡覺前；並且秉持「今日事、今日畢」的概念，夜晚就寢前，花5～10分鐘的時間環顧各廳室，有什麼東西忘了讓它「回家」，也應該在此刻放回原來的地方，即便是明天還會用到，也一樣明天再去拿取。確保物件各自回到專屬的位置，隔日起床第一個映入眼簾的就是最整齊的環境。

衣物的歸位

回到家踏進玄關的第一秒，立即將脫下的衣物掛起來，像是外套、圍巾、手套……等等；洗完澡後，立即將換洗的髒衣褲放至洗衣籃，踩在腳下的襪子記得必須分開清洗，而貼身內衣褲則最好洗澡時順道自行搓洗乾淨。

鞋子的歸位

入門後，順手將脫下的鞋子放進鞋櫃收納，勿輸給一時的偷懶想法而任由它們散亂堆滿在玄關，看起來不雅觀，若被後入門者踐踏到，也有損鞋子的壽命。

食物的歸位

在家自己下廚者，烹煮東西吃完，要立即清洗並將容器歸位；外食者則建議在外頭吃完就好，別再帶回增加家裡物件，不僅省去

收拾的麻煩，也防止垃圾堆滿天，甚至還有發臭的隱憂。

閱讀物的歸位

看到一半的雜誌和報紙，記得先收起來，依大小堆放在櫃中，畫面上看起來整整齊齊。讓桌面的空間盡可能維持淨空，要拂去灰塵較方便，而且看起來彷彿才細心掃除過。

文件的歸位

大家都容易忽略的一個小東西，就是每天出門都會拿到的發票、傳單、收據，沒有天天整理，日復一日容易造成包包內的混亂，順手掏取丟置桌面，也造成環境的扣分，花五分鐘淘汰、整理、用夾子夾好，其實一點都不難。

順手之勞，室內整潔不動搖

前述這些幾乎是每日必須要去做的一些基本例行公事，而這些事其實花不上什麼時間，一旦養成習慣後，你會發現它們只是幾個簡單的小動作，隨手歸位卻可以替收納帶來更加久遠的效果。

我們在古裝歐美劇裡發現，劇中人不論是大衣、皮靴、槍枝，還有包包都整齊地吊掛在牆上，這是受到重視整潔的基督教派的影響，然而，不可思議的是，即便是在儲藏物件眾多的屋子裡，時時將東西順手掛回牆上，整體看起來依然相當整潔清爽。

有的人整理空間只是把東西放整齊，並未認真思考此項物品的使用頻繁程度，導致不經常使用的東西放在看得到的地方，常常需要的東西卻被放入雜物櫃裡，在拿取的時候要東翻西找，找到了又懶得放回原處，於是就這樣惡性循環，讓家裡越來越亂。

開始做收納前，放置物品要多多考慮使用的經常性，維持其好

取好放的位置，這樣物品歸位才會方便，也讓整理過後的房間一直維持理想的模樣！而除了物歸原位以外，還有許多順手的小習慣，是可以從今日開始練習養成的：

東西沾染上汙漬立刻清理

果汁飛濺出來、醬料滴在桌上……遇到這些情況，你通常想說晚點再來清理嗎？一刻也不能等，桌子和地板只要一翻倒液體或弄髒，請反射性地拿起抹布擦拭。即使一開始覺得很麻煩，但只要養成這種自然而然動起手來的習慣，家裡要髒亂也非易事。

即使不必特地動用大型清潔工具，平時努力養成「小心不弄髒」、「髒了立刻清」、「用光馬上丟」、「該洗即刻洗」等等習慣，屋子的整潔度就會大不相同。

勤擦拭亮晶晶的物件

鏡子、玻璃、門把、水龍頭等等會反光的東西，如果被一層污垢所覆蓋，那會導致整體空間看來老舊，使人鬱鬱寡歡。只要養成隨手擦拭的小習慣，就可以實現長期的光明亮潔，建議大家從今天就開始實踐。

利用餘溫清一下廚具

調理台、餐桌、廚具等等，下廚的時光就是最佳的保養時機。比方說水壺，煮開水之後，餘熱會維持20分鐘以上，這時只要拿條沾水抹布稍微濕擦，由於高溫會讓汙垢易去除，所以輕輕一擦，就立刻晶亮如新。

此外，微波爐或烤箱使用完畢，趁著機身熱度尚未散去時，用濕布擦拭。這樣一點小動作就能預防頑垢形成。而廚房裡只要廚具

閃閃發亮，整體就會不可思議地顯得新穎潔淨。

再小的垃圾，也要馬上丟棄

千萬不要輕視體積小不起眼的垃圾，除了順手丟進垃圾桶，否則很容易就會東一件、西一件，造成視覺好混亂；發票就是最好的例子，最好每天睡前養成整理包包的習慣，將不要的碎紙片通通回收，不費時卻能維持空間的整潔。

待採購、要補充的品項寫下來

養成隨手寫筆記的好習慣，一旦發現衛生紙用光了，立刻登記下來，提醒自己在下一次去大賣場時，翻閱筆記就可以將待補物件採買齊全，而不會忘東忘西又多跑一趟，浪費無謂的時間。

一起床就打開窗戶換換氣

空間的通風非常重要，開窗有助於換氣與對流。早上一起床就將窗戶都打開，同時探出頭去曬曬太陽、做個深呼吸，讓人心神暢快，也維持室內清新。

易堆積的落塵及毛髮

在收納方面得心應手之後，還會遇上落塵與毛髮的問題，看不見的時候容易忽略它們，轉眼間猛地發現又厚厚一層了，怎麼清也清不完。防止堆積物來攪局，可從以下幾點做起：

1. 窗上可加裝濾網，減少灰塵跑進來。
2. 走進門之前，先在門外踏一踏，把鞋底的沙子給抖掉。
3. 洗完澡後，再進入臥房或躺進棉被裡。
4. 洗澡時段，順便刷一下地板，並清理排水孔毛髮。
5. 每個週末擦拭一下落塵易堆積處。

週期性的大收納
盤點、取捨、丟垃圾，雜亂退散！

　　許多人都羨慕旅館乾淨舒適，甚至夢想中了樂透要一輩子住旅館。但是你有沒有想過，飯店人員在背後是如何維持房間乾淨整潔的？即便家中陳列有品味的擺設，購置高貴奢華的傢俱，若沒有收納好，居住其中，雜亂的一切依然讓人無法感覺舒適、清爽。

　　不要再巴望旅館的舒適，也不必為家中環境傷透腦筋了。只要牢牢記住，堅持定時清理、減少家中廢物、順手收納、用完歸位的原則，就能有一個美好的居家環境，看起來賞心悅目，讓人人更愛待在舒服的家裡當一個「宅男」、「宅女」。

經由捨棄換得美好家居

　　如何避免環境髒亂？除了學好收納各種撇步、養成歸位好習慣，最重要的還是回歸到「定時清理」、「捨棄不必要之物」。

　　生活中需要的東西並不多，人們想要的卻太超過，如果分得清楚「需要」與「想要」，自然會減少物品數量，大大降低髒亂的根源。有捨才有得，將用不著的東西捨棄、轉送，就能獲得整齊、寬敞、好磁場的居家環境。

　　以女孩的衣服為例，為了走出門外光鮮亮麗，買再多衣櫃裡仍總是少一件，不捨得淘汰舊衣，也沒有習慣疊好歸位，於是新衣物不斷增加，在房間堆積得一坨坨像是稻草堆，甚至衣櫃門關都關不起來，日積月累，臥室能有多整齊？

　　許多家庭的髒亂來源就是東西太多。而當你藉由收納做分類，

將「廢物」給去除掉，「少用」的收納起來，「常用」的物品則適當展示，而你剩下要做的工作，就是日日順手維持「常用物品」的整齊而已，這些東西只佔了所有物的1/3，整理起來超輕鬆！

對生活品質的堅持屹立不搖

每個人都有過大掃除的經驗，剛整理收納完總是心滿意足，卻隨著亂象的回歸而越來越灰心，久而久之，你甚至放棄對生活品質的要求，因為潛意識中，你認為即使收拾好，打回原型也是遲早的事，後來乾脆放棄：「就先這樣好了」，因為年終大掃除實在是太費時、太勞累、太麻煩！

不如將這樣的思考模式翻轉過來，當你把收納整齊變成生活習慣的一部分時，只要有任何地方亂掉，馬上便能察覺出來，並且能夠輕易整頓完成。習慣的養成說長不長，其實只要1～2個月，雖然一開始會覺得很勉強、很不自在，需要刻意地提醒自己歸位，然而只要堅持1～2個月，養成了習慣，所有動作都將變得自然而然，這東西不應該出現在這裡，環境應該怎麼整理最快速，會擁有自己的一套SOP，維持會一天比一天做起來更簡單，但前提是：你不能半途而廢，對糟糕的生活品質妥協。

收納雖然是個大學問，但是若可以事先思考清楚自己的需求，並且莫過分脫離主人原本的生活面貌，就能夠規劃出自己喜愛且方便的空間；在不忽略其他機能和美觀的前提下，再運用學習來的各種「收納技巧」，讓整體空間的完整度更上一層樓，最後，再適度妝點上獨具自己風格的小物件，勿因過度強調「收納」而導致空間一板一眼，待在其中不會緊繃有壓力，才是一個溫暖的「家」喔！

埋頭苦幹無人問，一書成名天下知！

為什麼你這輩子至少要出一本書？

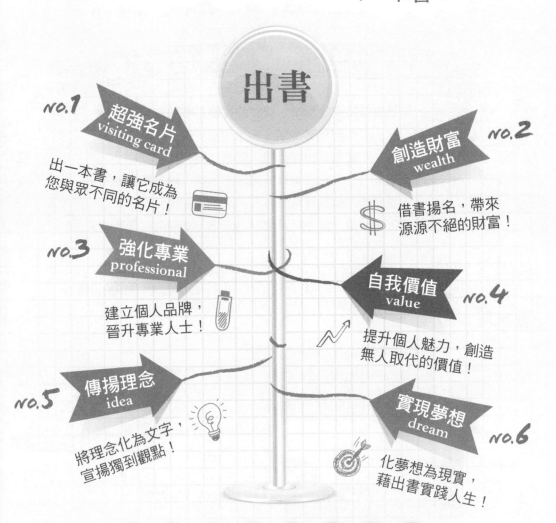

出書

NO.1 超強名片 visiting card
出一本書，讓它成為
您與眾不同的名片！

NO.2 創造財富 wealth
借書揚名，帶來
源源不絕的財富！

NO.3 強化專業 professional
建立個人品牌，
晉升專業人士！

NO.4 自我價值 value
提升個人魅力，創造
無人取代的價值！

NO.5 傳揚理念 idea
將理念化為文字，
宣揚獨到觀點！

NO.6 實現夢想 dream
化夢想為現實，
藉出書實踐人生！

寫書與出版實務班

全國唯一‧保證出書

活泉書坊、鴻漸文化、鶴立等各大出版社社長與總編，以及采舍圖書行銷業務群，首度公開寫書、出書、賣書的不敗秘辛！
詳情請上新絲路網路書店www.silkbook.com或電洽(02)8245-8318！

出一本書代替名片，
鍍金人生由此啟航！

水、美食、好書，信手拈來的健康生活提案

Drink Right!
聰明喝水治百病

前聯合醫院耳鼻喉科總醫師 **柯仁弘** / 著

定價：**250** 元

正確喝水，不要只是半調子！

不勞醫生開藥方，水是最好的良藥，
正確喝水、水到病除！

嘟嘟好！
一人份不開火料理食堂

電鍋、微波爐、烤箱、燜燒罐
美味單人獨享餐 100 道

知名美食部落客 **熊怡凱** / 著　　定價：**280** 元

單身不必餐餐外食！下廚不再蓬頭垢面！
「不開火」的新食代料理法！

大手牽小手，甜蜜家庭學習單

家庭是一座遊樂場，親子可以一起從事的窩心事數也數不清！
快帶領孩子掃除、遊戲，陪伴孩子日日學習、成長、卓越！

掃除速速叫！
懶人專用の家事完勝手冊

專業清潔達人 **賴彥妃**、活泉書坊編輯團隊 / 合著

定價：**200** 元

大掃除不是過年的專利！

達人教你輕鬆打掃，做家事從此不喊累！

一冊在手，完勝千千萬萬難搞的刁鑽家事！

神奇育兒魔法！
0～3歲，用遊戲教出棒小孩

超人氣親職教養專家 **薛文英**、資深幼兒教養專家 **黃曉萍** / 合著

定價：**250** 元

0～3歲，黃金教養年齡！

最豐富的趣味親子互動遊戲大全集

刺激腦力、提升品格、讓孩子受益一生！

活泉書坊　　行銷總代理 采舍國際　　新‧絲‧路‧網‧路‧書‧店 silkbook○com　www.silkbook.com

餐具

不鏽鋼瀝水架系列 **149** 起

壁面置物架 **149** 起

活用空間
清爽收納

壁面

家飾

各式組合櫃 **399** 起

衣物

洗

洗衣籃架 **499** 起

各式收納盒 **219** 起　伸縮吊衣桿 **399** 起

nice
goods

生活好東西

最專業的生活收納專家
上千種居家用品線上展示

收納生活
簡單入位

nicegoods 好東西
www.nicegoods.com.tw
服務專線 04-24220872

website

facebook

app

國家圖書館出版品預行編目資料

拒當亂室佳人！終結雜亂窩の奇蹟收納術／活泉書坊編輯
團隊 編著 . -- 初版 -- 新北市中和區：活泉書坊出版 采舍
國際有限公司發行 2016.04 面；公分・--（Colir Life 49）
ISBN 978-986-271-670-0（平裝）

1. 家政　2. 家庭佈置

420　　　　　　　　　　　　　　　　　105000349

 活泉書坊

拒當亂室佳人！
終結雜亂窩の奇蹟收納術

出 版 者 ▉活泉書坊　　　　　文字編輯 ▉蕭珮芸
編　　 著 ▉活泉書坊編輯團隊　美術設計 ▉吳佩真
總 編 輯 ▉歐綾纖

郵撥帳號 ▉50017206 采舍國際有限公司（郵撥購買，請另付一成郵資）
台灣出版中心 ▉新北市中和區中山路 2 段 366 巷 10 號 10 樓
電　　話 ▉（02）2248-7896　　　傳　　真 ▉（02）2248-7758
物流中心 ▉新北市中和區中山路 2 段 366 巷 10 號 3 樓
電　　話 ▉（02）8245-8786　　　傳　　真 ▉（02）8245-8718
I S B N ▉978-986-271-670-0
出版日期 ▉2016 年 4 月

全球華文市場總代理／采舍國際
地　　址 ▉新北市中和區中山路 2 段 366 巷 10 號 3 樓
電　　話 ▉（02）8245-8786　　　傳　　真 ▉（02）8245-8718

新絲路網路書店
地　　址 ▉新北市中和區中山路 2 段 366 巷 10 號 10 樓
網　　址 ▉www.silkbook.com
電　　話 ▉（02）8245-9896　　　傳　　真 ▉（02）8245-8819

線上總代理 ▉全球華文聯合出版平台
主題討論區 ▉http://www.silkbook.com/bookclub　◎ 新絲路讀書會
紙本書平台 ▉http://www.silkbook.com　　　　　◎ 新絲路網路書店
電子書下載 ▉http://www.book4u.com.tw　　　　◎ 電子書中心（Acrobat Reader）

 華文自資出版平台
www.book4u.com.tw
elsa @mail.book4u.com.tw
imcorrie@mail.book4u.com.tw

全球最大的華文圖書自費出版中心
專業客製化自資出版・發行通路全國最強！